私たちは　あなたの　乳牛です

私たちは　あなたの　くださるものを　食べ
飲まして　くださるものを　飲み　住まして
くださるところに　住みます
よい牛にも　なれば　悪い牛にも　なります
丈夫にも　なれば　弱くも　なり　気持よく
暮すこともできれば　不愉快にも　なります
このように
私たちの運命は　酪農家まかせ　なのです

We Are Your Cows

We have to eat what you provide.

Drink what you give us.

Live where you put us.

We may be good cows or we may not.

We may be healthy, or we may not.

We may be comfortable or we may not.

So much depends on you, the dairyman.

THE FIRST REQUISITE OF A PROFITABLE DAIRY BUSINESS IS A GOOD DAIRYMAN!

酪農家 キーニィの 牛飼い哲学

マーク・H・キーニィ著　市川清水訳

COW-PHILOSOPHY

The Art of Practical Dairy Practice

Mark H. Keeney, B. S. , M. A.

The Selection, Breeding, Feeding and Care of Dairy Cattle is one of the oldest and greatest arts of mankind. The Master Dairyman and Breeder is as truly an artist as is any painter or sculptor. No other group of men has made a greater contribution to the welfare of man. Much of this "Art of the Ages" defies expression, and it is with the utmost humility that the author approaches this subject.

Second Edition
(Revised an Ednlarged)

---

1 9 4 8
HOLSTEIN-FRIESIAN WORLD
Lacona, New York

新しい日本農業を築くため　この本を　日本全国の酪農家に捧げる

エアシャー種の標準タイプ

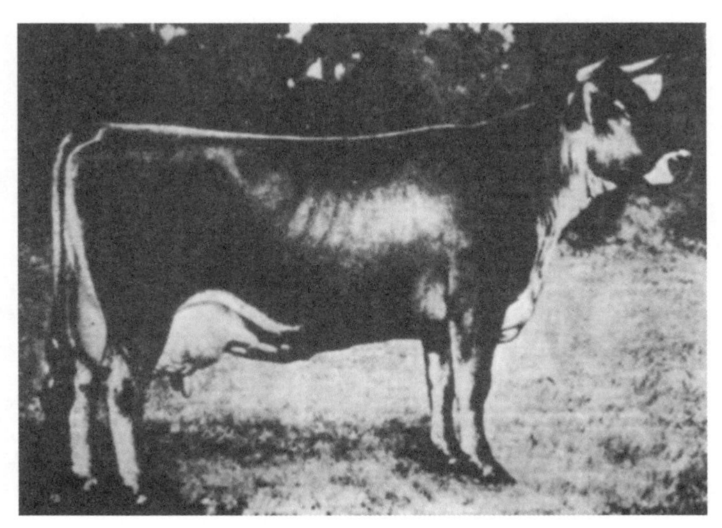
ブラウンスイス種の標準タイプ

ガーンジー種の標準タイプ

ジャージー種の標準タイプ

ホルスタイン・フリージアン種の標準タイプ

ホルスタイン・フリージアン種雌牛の標準型に近い頭部、目といい、鼻といい、顎といいみごとなものである。本名はベツス・ポンチヤツク・ピープといい、愛称をブラツク・ベスという

エアシャー種のオーケンブレーエン・
ホワイト・ビユーテイ・セカンド
これは著者の好きな牛

ブラウンスイス種、ジエーン・オブ・
ヴアノーン。著者の好きな牛

ガーンジー種、メーローズ・セカンド。
これも著者の好きな牛である

ホルスタイン・フリージアン種のチエ
スネー・フレダ・ローシイアン。著者
の好きな牛である

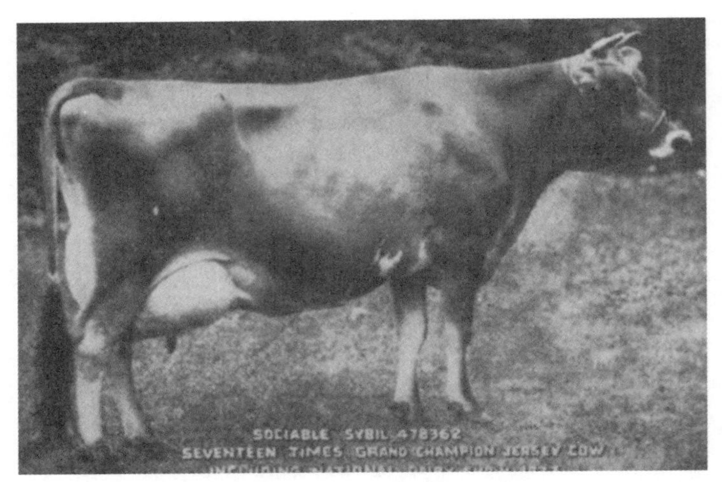

ジャージー種、ソーシアブル・シビル。
著者の好きな牛である

ホルスタイン・フリージアン種のラスブルーク・パール・オームスビーといって、繁殖牛として有名である。最高能力は360日間に乳量24,946.3ポンド（11,315.5kg）、3.9パーセント、乳脂量971.4ポンド（440.6kg）である

ホルスタイン・フリージアン種のサー・ミーチユアル・オームスビー・ジエウエル・アリス。この牛はオームスビー・センセーシヨン45の孫息牛の近親繁殖でできた牛。ニュージャージーの共同人工授精の中心牛である

ホルスタイン・フリージアン種のベル・フアーム・スウゾーン。生後18カ月に撮影したもの。この牛はまだベル・フアーム・スーシーの胎内にあったときに、著者が選定して購買した牛である

これはベル・フアーム・スーシーでスウゾーン（前頁）の母牛

スーシー・アベカーク・コランサ〈愛称ホワイト・スーシー〉スウゾーンの祖母牛である。よく似ている点に注意してほしい

エセツクス・スウゾーン・エプリルの一生涯の検定成績は乳量248,138ポンド（112,553.5kg）、乳脂量8,358ポンド（3,791.1kg）、スウゾーンの娘牛で最大の成績をあげた。この頃の世界第1の記録牛である

コーネル大学のオーリー・カゼリンで乾乳中の写真である・これは1937年の共進会出品中に撮ったもので、成牛部で準オール・アメリカンに選定された。この乳房の渇れているところ、肉付きのよい点を注意すべきであろう

原 著 者　　マーク・H・キーニィ氏

序

1922年、ニュージャージー州エセックス郡では、郡立病院用の牛乳を求めて、純系ホルスタイン牛の牧場を経営することになった。そこで、ニュージャージー州立大学の酪農業拡張部主任をしていた、マーク・H・キーニィ氏が選ばれ、1923年4年1日、オーバーブルーク牧場を創立し、その経営にあたることになった。そして早速基礎牛を買入れた。

以来、1949年10月9日に永眠するまで、26年の長きにわたってその職に精励された結果、牧場の乳牛は、非常に改良され、よい牛が揃って、今日乳牛の繁殖と牧場の経営では、酪農界の模範であり、斯界（しかい）の人々がこぞってキーニィ氏の功績を讃えている次第である。

泌乳能力の優れていることは、牧場経営の絶対条件であるが、キーニィ氏は、高等登録成績では、最優等の成績をあげ、産乳脂量1,000ポンド（450kg）以上の牛をたくさんつくりあげたその功績によって、1923年には、アメリカ・ホルスタイン・フリージアン協会から、ブリーダーの名誉賞牌受領者第1号に登録された。

マーク・H・キーニィ氏は、アメリカ・ホルスタイン・フリージアン協会が行っている乳牛全頭の検定実績を認められて、1933年以来、オーバーブルーク・デーリィ牧場の搾乳牛全部の検定を行い、年検定頭数平均75頭、しかもその成績は北アメリカ中で第1等であった。過去9ヵ年間の乳牛1頭平均年間産乳脂量は516～573ポンド（232～258kg）であり、9ヵ年間搾乳牛75頭の平均では540ポンド（243kg）であった。オーバーブルーク牧場の創立以来、全搾乳牛の完全なる検定成績によれば、今日〈1940年〉まで一生涯の泌乳量10万ポンド（4.5t）以上の牛が59頭になっている。このように一生涯の長きにわたる好成績は、乳牛のよいことはもちろんであるが、取扱いのよい、確かな証拠である。これらの乳牛はみなオーバーブルーク牧場で生まれて育てあげられ、父牛は、キーニィ氏が自ら手を下して選んだ種雄牛である。したがって、この「カウ・フィロソフィ」〈牛飼い哲学〉は、キーニィ氏がオーバーブルーク牧場で成功した、牛の選び方、牛の増やし方、養い方、取扱い方を詳しく書いたものであることによって価値があり、安心してこれに従い、実行していいわけである。

キーニィ氏は、ペンシルバニア州北部の農家に育ち、同州の農科大学を卒業し、オハイオ州最初の乳牛能力検定員となった。ついでミズーリ州農科大学で、有名なエクル教授の指導を受け、卒業論文に必要な研究を行った後、郡の畜産改良技術員となって働いているうちに、第1次世界大戦が始まり、海外派遣軍に従って欧州に渡り、終戦後はミズーリ州の酪農専門技術員として働いた。しかし不幸にして病を患い、重態のまま久しく休養していた。その後小康を得たが、療養は長く続いた。回復後ニュージャージー州に帰って酪農拡張部に勤務していたが、1923年オーバーブルーク牧場の創設運営にあたることになった。そして、この牧場の経営に成功した結果、認められて乳牛づくりの名人とあがめられ、乳用牛の取扱い方の権威者となるに至ったのである。

キーニィ氏はまた、1922年以来、エセックス郡農業局の実行委員会の一員を務め、学識、経験と功績によって、エセックス郡農業会の終身名誉会員となっている。1941年に開かれたニュージャージー州農務局の年次総会では、同州の農事功労者として表彰された。
つけ加えておきたいのは、いくら学識、経験に富んでいても、いざペンをとって文章を書くとなると、おもしろくわかりやすい文体にするということとはまた別なものであって、キーニィ氏はそのことを心配しないでもなかった。ところが、数年前、オーバーブルーク牧場で使うために、新しく若い種雄牛を買入れたことがあり、この買入れのときは、母牛の胎内にあるうちから、約束をしておいたほどの、あざやかな選び方で、しかも大成功であった。斯界の先輩たちまで驚嘆したものであった。
そこでワールド誌は、読者のために、若い種雄牛を買うにはどういうふうにすればよいかを書いてもらいたいとキーニィ氏に頼んだのであるが、それが本書にあるキーニィの種雄牛哲学となって発表されたのである。この論文は、ワールド誌創刊以来かつてないほどの絶賛を博した。このときから、同氏は純系乳牛群の構築や取扱いなどについて、自分の考えを一冊の本にまとめたいと考えた。
「牛飼い哲学」というのは、種雄牛哲学をまとめて一冊の本にしたからである。ホルスタイン・フリージアン・ワールドは多大の誇りと自信を持って本書を出版する。必ずや、酪農の改良に貢献し、よい乳用牛をつくるのに役立つものと固く信ずるものである。重ねていう。純粋乳用牛繁殖が、事業として今日ほどよい機会はないということと、ブリーダーの義務であることを、認識されることを望んでやまない。

「ホルスタイン・フリージアン・ワールド」主筆
モーリス・S・プリスコット

原 著 者 序

乳牛を選ぶこと、繁殖すること、飼養することなどは、人類が最も古くからやってきたことであり、また人間の仕事としては、最も大きいものである。酪農の大家とか、乳牛繁殖の名人とかいわれる人々は、絵画や彫刻の大家と同じように、本当の意味の芸術家である。しかも、これらの人々のように、人類の福祉に直接大きな貢献をした芸術家は、ほかにないのである。

古代から発達してきた酪農と乳牛繁殖であるが、それにはまだ説明のできないことがたくさんある。こういう深遠な事柄について、私のような者が、説明にあたることが不適当であることは、十分承知しているが、謙虚な気持で、この問題を取扱いたいと思っている。

マーク・H・キーニィ

訳者のことば

わが酪農界の危機が唱えられ、酪農の再編成が余儀なくされているとき、今度は新しく地域別に乳牛を集団増殖しようとしていると聞く。面白い試みである。わが国は存立上どうしても主食糧を増産しなければならない情勢に追い込まれている。しかも、動物質栄養分をも増産しなければならない事態になってきている。

しかし、現在の耕地では、主食糧でさえ十分でない。裏作をしても、間作をしても、北海道以外では牛の飼料をつくる余裕はまずないとみなければならない。しかもなお、食糧を自給しなければ国の存立が危いのである。幸いわが国は、国土の半分が山林原野である。これを利用することだ。この山林原野を草地として、立派な草を耕作する。そして草を牛に食わせて乳肉その他の蛋白、脂肪食糧に変えるのである。スイスのアルプスの牧牛、スカンジナビアの山上の酪農を見よ。国民が食えるか否かという土壇場に立っているとき、しかも、外国でやっていることを、わが農家ができないはずはない。

近ごろは、乳牛といえば草、草こそ酪農振興の鍵であるというように、真剣に草のことを考え出したのは喜ばしいことである。今まで、非常な努力にかかわらず、乳牛が増殖しなかったのは、草をないがしろにしたことが主たる原因である。また農家が、牛乳屋のまねをしたり、種牛をつくるブリーダーのまねをしたことも、またおおうことのできない誤りであった。農家はあくまで農業をやって行くに必要なだけの能力の牛を、労働力と自家産飼料で飼えるだけ養うようにしなければならない。それにはよい指導が必要である。

今までの酪農の書物にも、立派なものは多いが、農家の体験からにじみ出たものの少ないうらみがあった。実は農家にはあまりにも立派過ぎたのである。それがためぴんとこないところがあった。幸いにアメリカ人に適任者がいて、その著書がホルスタイン・フリージアン・ワールド社から出版された。彼の地では大変な評判であり、わが国でも学生がセミナーでディスカッションに用いられていると聞くが、マーク・H・キーニィの「カウ・フィロソフィ」がそれである。ワールド社のいうところでは、今までこのように実用向きに書かれた書物はないとのことであるから、アメリカでは農家が喜んで読んでいることであろう。

牛飼い仲間の平易な言葉で書いたといわれる原著書の趣を、十分にお伝えする訳にし得なかったことは残念であるが、その書きぶりは、確かに理屈は一切いわず、乳牛の見方、改良の秘訣と酪農経営の「こつ」をあますところなく述べている。また巻末にはアメリカの有名な農家達の、自らの牛飼い農業についての実験談を載せており、非常によい教えとなっている。

アメリカでは、1949年、酪農関係の篤志家が集まって「デーリィ・シュライン・クラブ」を設立し、酪農に貢献した人々を、世界中から25名選んで、酪農先駆者の殿堂を建て、ここにそれらの人々の写真を掲げ、徳を讃えているが、これらの人々の中に、牛乳脂肪検定法の発明者ステファン・モールトン・バブコック氏、ホーズ・デーリィマン誌の創立者ウイリアム・D・ホード氏、フランスの細菌学者ルイ・パスツール氏、遺伝学の祖グレゴール・ヨハン・メンデル氏、家畜飼料学者のウイリアム・アーノン・ヘンリー氏など著明な人々に混じって、本書の著者キーニィ氏が酪農家としてただひとり選ばれている。これによっても著者がどのような人であるか、農家としていかに才能ある経験家であるかがわかると思う。

市　川　清　水

目　　次

酪農家キーニィの牛飼い哲学

第１章　乳牛の選び方

よい酪農家は、よい乳牛を飼っているものである。そのわけは、自分の牛のうち、最もよい牛を見つけて、それから増やしていく一方、最も劣った牛をふるい落とし、劣等な血筋の牛を減らしていくように努めるからである。

よい牛を選ぶには、1.外貌体型〈姿〉、2.泌乳能力〈乳を出す力〉、3.牛の種類、4.健康について正しい知識を持っていなければならない。

１　乳牛の姿で選ぶ方法

乳牛を選ぶには、乳量と乳脂量の成績が、絶対に必要なものであるが、牛を見るときには、まず最初にその外貌と体型〈姿〉を見るものである。よい姿をしている牛は、一般に能力もよいものである。そういうわけであるから、まず牛の姿について考えることにしよう。

多くの牛の中には、さほど乳の出ない牛で、よい姿をしている牛があり、また、とても貧弱な形をしている牛で、すばらしく乳の出る牛があったりすることが実際にはある。しかし大づかみにいって、よい体型をしている牛は、乳もまた多く出す。乳をあまり出さない牛は、体も小さく、乳牛らしくないのが通例である。牛を見る目の利く人は、最もよい牛群を見抜くとともに、最も悪い牛群も大概のものは選り分けることができる。それでも最優等牛と最劣等牛を引き出すことはできない場合もあろうが、そのときは、間違った見方をしたことになる。しかし「ホーズ・デーリィマン誌」の創始者であり、ウィスコンシン州の知事を務めたウイリアム・D・ホード氏もいっているように、乳牛の腹の中ほど真暗なところは世界中にない。乳牛のよしあしを知るには、能力検定が絶対に必要であると強調していることである。私は17年前にオーバーブルーク牧場の基礎牛を買う際、普通の農家の牛群から選りぬいて買ったが、その際、まず牛の姿に重きをおいて選んだ。買い集めた牛は90頭であったが、乳を搾ってみると、1日3回搾りで、年産1頭平均12,000ポンド（約5,400kg）、乳脂量400ポンド（約180kg）であったが、値段はとても割安であった。もっともこれには理由があった。

私が昔乳牛能力検定員をしていたことのある地方から牛を買ったから、一部の乳牛群の能力はよく知っていたことも、大変助けとなった。

乳牛の姿〈体型、外貌〉ということは、一体どんなことをいうのか。乳牛を見るときには、毛色とか角の形とか、尾とかいうような一部の人々の好みについていうのではない。乳牛の姿のもとになる考えは、1.体に「かさ」のあること　2.乳を出す組織が発達していること　3.体の丈夫なつくり　4.乳牛らしいこと　5.牛の種類の特徴、の5つのことがらである。

A　体の「かさ」によって選ぶ

体の「かさ」〈大きさ〉ということは、乳牛を飼うのは飼料をたくさん食わせて乳をふんだんに製造させるためであるから、それには消化器が大きく、消化の働きの強いものでなければならない。消化器の大きさは、胴体の大きさでほぼわかる。胴体が長くて深く、肋（あばら）の張り具合と脾腹（ひばら：わき腹のこと）の深さのあるものがよい。体の浅い牛は、避けなければならぬ。特に種畜にするものは、絶対に駄目である。肋のよく張った牛は、板のように薄っぺらな牛よりも体積〈かさ〉があるものである。体全体にくらべて、胴体の大きい牛は、消化器官の大きいことを表している。そのような牛は、もの食いがよいものである。なお私の見ているところでは、乳牛の下腹の側面の筋肉が、畝のようにもり上っている牛、すなわち、この筋肉は消化器官を、よい位置に支えているものであるから、この筋肉が強く著しくもり上っているものは、消化器官の発達のよいことを表すものである。この筋肉がよく発達している牛は、不消化を起こすことが少ないようである。飼料をよく消化するものと見える。

2頭以上の乳牛の体の大きさ〈かさ〉をくらべてみるとわかるように、他の部分が同じとすると、腹部の十分に大きい牛は、乳も多く出るものである。統計の数字から見ると、平均体重より重い大きな牛は、平均以上の能力があるものである。しかし、いくらなんでも乳牛としての性質を備えていない牛は論外である。

他のことが同じであれば、牛種平均の大きさよりも、大きい「かさ」のある牛を選んだ方がよい。しかしこの場合も、乳牛としてのよい姿をしていなければならないのはもちろんである。

B　乳を出す組織の発達具合によって選ぶ

前項に述べた、飼料をたくさん食うような体の大きい、腹の大きい牛でも、乳をたくさん出すように、乳房が大きくて、その組織がよくなければ何の役にも立たない。乳をたくさん製造するには乳房が十分に大きくて、よい形をしており、組織の質がよくて、搾乳期間も引続き十分に働ける、強い乳房でなければならない。乳房が大きいものは、その質がよくさえあれば、乳をたくさん出す能力があるということを表すものである。大きくてよい乳房というものは、搾ってしまえば、ぐにゃぐにゃになって布巾のようにしなやかになるものである。

乳房にさわってみると、生きた海綿のようにぐにゃぐにゃしていて、筋肉は少しもなく、固まりは少しも感じない。肉乳は避けねばならぬ。筋肉は体につくべきもので、乳房には絶対についてはいけない。やわらかくて皺くちゃになるような乳房は、傷むことが少なく、長い年月の間、非常な重労働をして、たくさんの乳を製造する役目を果すことができる。

乳房の形がよく、体へのつき具合のよいことは、長い年月働くために必要である。垂れ乳房でも、長年月にわたり故障なくたくさんの乳を出す牛もないではないが、垂れ乳房の牛は、3乳期位になれば、乳房に故障ができて、4分房のうち1～2以上の部分は、乳を製造しなくなり、独房に入れて、中には2人がかりで搾らなければならないものになる。最も好ましい乳房は、下から見れば正方形で、4分房とも同じ面積で、4分房ともその隅についており、乳房の底の面には、4分房間にくぼみ・切れ込みがなく、腹部の下の方では、前方へよく伸び、しっかりとくっつき、後部は股の間を、高い所まで広がり、そこで体にくっついており、乳頭の大きさは搾りやすい大きさと長さのものがよい。

乳静脈というものは、乳房から出てくる静脈血を運ぶものであるから、乳房に入った血液の量が、これによって推定でき、同時に乳をつくる確かな能力をも判断することができる。腹の下に表れている乳静脈は、大きく長く、前肢の脇まで伸びて行き、大きな乳窩（にゅうか）に入っていなければならない。ある人は、乳窩は拇指が入る位の大きさでなければいけないといっている。腹の下の乳静脈は、両側に1つずつ2筋あるのが普通であるが、腹の真中にもう1筋あるものもある。このような牛は、能力が飛びぬけてよい。乳房の表面に表れている乳静脈は、大きくて網の目のように、たくさん強く浮き上っているのがよい。

C　体のつくり〈構造〉によって選ぶ

体のつくりについて考えることは、呼吸と血の循環をつかさどる心臓と、肺臓の大きさを外部から想像できる。胸囲の大きさをさしていうのである。心肺2臓器には腹の前方、胸部の発達しているものがよい。大きい心臓と、大きい肺臓とは胸が深く、肋がよく張って、胸部の底が十分大きいのがよい。なお肺臓の大きな証拠は、鼻の孔が大きいことが望ましい。たくさん乳を出す牛は、大量の空気を呼吸し、たくさんの血液をめぐらさなければならない。この務めを果すには、心肺は大きくよく発達していなければならないのである。

D　乳牛らしい格好によって選ぶ

乳牛の目的は、肉牛が、食ったものを肉につくり変えるのと、まるで反対に、食ったものを乳に変えなければならない。肉用牛の体は、四角な形をしていて、肉のかたまりがもりもりついているのがよいが、乳牛の体は楔形（くさびがた）をしていて角だっている。

よい乳牛の体には、3つのハッキリした楔形が認められる。第1の楔形は、牛の側面に立って見れば、体の後の方が大きくて、前の方に進むにつれて尖ってきて楔形をしている。第2の楔形は、牛の後ろに立ち、少し上の方から前の方を見ると、腰角部から肩の上き甲部にかけて、楔形をしている。第3の楔形は牛の前に立って見ると、胸部の底から肩部の尖端き甲部にかけて楔形をしている。き甲部は鋭く尖っている方が好ましい。背骨の関節は、著しくもり上っているのがよい。また関節の間に指が入る位の隙間があるほど開いているのがよい。肩から前を見れば、長い薄い頸が、皮下に脂肪のついていない、枯れた、きれいな頭についていなければならない。

眼は大きく輝き、表情に富み、神経が鋭いことを表しているが、性質は至っておだやかでなければならない。

口は幅広く、強くて、物食いのよいことを表していなければならない。牛の肋部に手を置いて、皮膚を手にいっぱいにつまみ上げると、ゆるくてしかも弾力を感じるようでなければならない。

よい乳牛は肋の皮はゆるく、しなやかで、つまめば軽くつまめて、手のひらのうちでまくことができる。皮膚が剛く（つよく）て、板のような牛はいけない。なお皮膚の特性としては、消化器官と血行の良否を表わすものであるから、つやつやした、滑らかな被毛の牛は消化もよく血のめぐりの旺盛な牛である。

E　乳用牛種の特徴を備えているかどうかを見る

乳牛はその牛種の特徴に合うものでなければならない。例えばガーンジー種はガーンジー種の特徴を備えていなければならないように、ホルスタイン種・ジャージー種・エアシャー種・ブラウンスイス種も同様である。雑種の牛であれば、その姿のうちになにか１つの乳用品種の特徴がはっきり認められるようであれば、その品種にだんだんと改良していくことができるから都合がよい。

2　乳を出す能力の検定成績による選び方

乳牛の姿〈体型と外貌〉から乳を出す力を判断するのは、どちらかといえばまだ不十分であるが、検定成績によれば、最も正しい判断ができる。普通の飼い方で１頭１頭の牛の能力がよいということが、酪農をうまく経営するには絶対に必要である。普通の飼い方をしている場合の能力成績を、乳牛を選ぶ基本にしなければならない。私は普通の飼い方をして、検定を受けた能力成績を重んずる。無理によい飼料を食わせ、特別な設備をした所で得た成績は採らない。

アメリカの能力成績は、最初に用いられた方法は７日間の検定成績で、乳量と乳脂量の成績であった。この成績は、普通の農家の飼い方で検定したものであるから、実用価値の高いものであった。初期検定成績では１日に乳脂量１ポンド半（約675g）生産する牛は、よほどよい牛であった（約21.6ℓ）。7日間検定成績のよい牛は、値段が高く、またその子牛は値がよかった。

しかし1週間検定をうまくやって成績をよくする工夫は、鋭い農家がすぐに見つけた。飼料の食わせ方や、扱い方で、数日間の量をうんと増すことができるようになった。7日間に乳脂量20ポンド（9kg）の牛がたくさんできた。1900年にはマルシーデス・チユーリツプ・ピーターチエ号が29ポンド（13kg）のレコード牛となった。1903年にはサデイ・ヴエール・コンコーデイア号が初めて乳脂量30ポンド（13.5kg）の成績を出した。1904年3月にはアーギー・コニユーコピア・ポーリン号が34ポンド（15.3kg）の成績を出した。1911年にはポンテイアク・クロシールド・デ・コール・二世号が37ポンド（16.7kg）、1912年にはヴアルデサ・スコツト・二世号が乳脂量40ポンド（18kg）、1913年にはキング・ピーターチユ・ポンテイアク・ラス号が44.15ポンド（19.9kg）を出し、1919年には遂にマルセナ・デ・コール号が51ポンド（23kg）の驚異的レコードを出した。いずれも公式の検定成績である。これらのレコード牛は非常な高値をつけられ、その子牛や孫牛の何代後までも、親先祖牛のおかげで高く取引きされた。

しかし心ある酪農家やブリーダーは、一体これらのレコード牛の子牛によい牛ができるかどうか、これらの成績は特別に飼い方と取扱い方をよくして得られたものではないかということを疑った。熱狂的ともいうべき1週間検定の大流行は、ほとんどのホルスタイン牛の間に起こったことであった。これがよいとか悪いとかは別としてともかくホルスタインのブリーダーは大きな金儲けをした。大小のブリーダーはわれもわれもと7日間検定を競争的に行い、悪用する者まで出てきた。たしかに小山の脇の小ブリーダーまでも、わが世の春を謳歌した。1週間乳脂量30ポンド（13.5kg）の牛は、しばしば1,000ドル以上に売れた。その子の雄子牛が1,000ドルに売れることもあった。

このように1週間の検定成績の非常によいということでホルスタイン牛に人気が生じ、至るところに大流行する主なる原因となった。しかしこれらの1週間の突飛な検定成績の牛でも、1ヵ年間の成績では、必ずしもよいものではなかったので、7日間検定の代りに10ヵ月〈305日〉間検定、次いで1ヵ年〈365日〉間検定が行なわれるようになった。この検定は、ホルスタイン以外の品種ではすでに行われていた。

特に10ヵ月には検定の孕み（はらみ）日数と、次の分娩時をやかましくいって、規程を設けたので、特別にていねいに飼ったから、こんな検定成績を得たものであるという疑いは幾分に少なくなってきた。本当によい牛は、年検でよい成績をあげるようになった。しかしそれでも普通の乳牛で、高等登録の条件にはまるような成績を得るために、特別飼いをして、年検の成績のよいものを出すものが多かった。

憧れの高等登録牛という美名にいざなわれ、その登録を受けたいばかりに、できるだけの特別飼いをして、突飛な成績をあげた牛で、世間では特別によい牛として認められたものも多かった。そのために、多くのブリーダーは、自分の乳牛群の中から、僅かしかいないよい牛ばかりをよりぬいて、高等登録のために検定を受け、その他の大多数の牛は、検定を受けないという大間違いをやるようになってしまった。

3　高等登録と乳牛群全部の能力検定成績

高等登録の能力検定に、いけないところがあるのを認めて、5大乳用牛種協会では、ここ数年間に検定の方法を改めた。そして乳牛群中搾乳牛全頭残らず乳期または1ヵ年間を通して検定する乳牛群改良検定というものを始めた。

この検定では、ブリーダーは毎年引き続き搾乳牛全部の検定をやらねばならないから、今までの検定よりは信頼のおける成績が出てくる。この検定なら、これまでのように、特別飼いを全部の牛にやるのは困難である。欲をいえば限りもないから、この検定ならやや正確な能力を知ることができる。この検定なら、全搾乳牛の能力がわかるから、飼っておく値打ちのない牛は、除くことができる。幸いにもこの検定がだんだんと広まってきたことは、酪農界の前途に光明を与えた。この検定こそ、まことに光栄ある真の乳牛能力検定方法である。

私が大学を卒業して、初めて就職したのがオハイオ州チエナンゴ・ヴァレイ乳牛検定組合の乳牛能力検定員であった。この組合員はペンシルバニア州のマーサー郡とクロウフォード郡から、オハイオ州トランブル郡にわたってちらばっている、進んだ酪農家達のつくったものであった。ペンシルバニア州の西北部とオハイオ州の東北部では、最初の検定組合であって、私は最初の検定員〈1915～1916年〉として2ヵ年間働いた。その頃の私は乳牛検定員が通り名であり、初めは地方の人々も好奇心で見ていた。今日では酪農の盛んな地方では、至るところに検定組合が組織され、乳牛の改良と飼い方、取扱いをよくするように努めている。

ところが、検定を受けている頭数は、搾乳牛のごく一部にすぎない。検定を受けると、乳量、乳脂量がはっきりするばかりでなく、生産費を検定員が計算してくれるから、乳牛1頭1頭の収支がわかるし、乳牛群改良のための検定成績は搾乳牛全部の成績であるから、酪農家に実際直接役に立つものである。この検定成績によって能力をよくし、よい牛を増やす元がしっかりしてくる。この検定では突飛な成績は出てこないから、さほど高い値段に売ることはできないかもしれないが、どの牛が最も能力がよく、また子出しがよいかがわかり、どの牛の能力が悪いかがわかるから、悪い牛を除き、よい牛から子牛をとって増やすことができる。

また、種雄牛の娘牛に伝えた能力を証明することができ、若い種雄牛を選ぶのに、よい証拠が得られる。この乳牛群改良組合検定の功績は大である。乳牛群平均能力は乳脂量300ポンド（135kg）以上であり、数ヵ所の乳牛群では、年1頭平均400ポンド（180kg）である。アメリカの乳牛の平均能力が200ポンド（90kg）以下のことを思えば大した能力である。

乳用牛種協会の行っている乳牛群検定成績〈純系牛〉では、乳脂量年産400ポンド〈乳量にして約5,400ℓ〉の所は多いし、全部300ポンド以上〈乳量約3,790ℓ〉である。アメリカの酪農家が平常やっていることの中で、最も大なる欠点は能力検定成績がないことである。そのために酪農業を改善する目安がない。乳牛の出す乳量と乳脂量がわからないから、うまく飼料をやることも、牛を選ぶこともできない。また種雄牛を選ぶことができない。乳牛を改良するのによい「案内者」がないといった有様であるから、一大改良を遂げることができない。

アメリカ大陸でなし遂げられた今日までの能力の改良は、いろいろの改良よりもむしろ飼料とその食わせ方と取扱いのよくなったためである。個人にしても、団体にしても、乳牛群を改良したものはあるけれども、酪農家全部の乳牛からいえば、ごく僅かなものであり、この人達がよい成績をあげたのは長い年月能力を検定し、その成績を保存して、よく改良のよりどころとしたからである。ともかく、乳牛能力検定組合の行う検定と乳用牛種協会の行う純系乳牛群の搾乳牛全頭の検定によって、乳牛群全体を改良することができるようになった。デンマークでは第2次世界大戦前からこれを行っている。しかも乳牛群の半分は年々やっている。こんな調子だから、50年間に乳量が倍になり、純益が2倍以上に増したのである。

アメリカでもデンマークと同様乳牛の能力を2倍に増し、現在年産乳脂量200ポンド（90kg）以下のものを300ポンド（135kg）に改良したときには、酪農業はすばらしいものになるだろう。そして、これはできないことではない。それには酪農家の乳牛群が、こぞって能力検定をやり、劣等牛を除き、よいものばかりにしなければなし遂げられない。また、なんとアメリカの乳牛の平均能力の貧弱なことよ、アメリカでは能力の劣等な牛が多すぎる。そこで私は、アメリカの酪農家に一言ご忠告申し上げたい。乳牛を飼っている方は、ぜひ全部の牛の能力検定を年々引き続いてやってください。それには乳牛群能力検定組合なり純系牛を飼っている方は、その牛種の協会がやっている乳牛群検定または高等登録検定をお受けなさい。何かの都合で加入のできない方は、ご自分で検定をおやりなさい。牛舎に搾乳表を掛けて置き、乳量のハカリを買うなり、借りるなり、貰うなりして、搾乳時別に乳量を量って、搾乳表に書き込み、その成績によって、牛のよしあしを区別して、とうてい引き合わぬ牛は、屠殺するなり、売るなりして、悪い牛を置かないようにして、よい牛から生まれた雌子牛だけを育て、悪い牛の代わりにして、だんだんよい牛だけを置くことにしていただきたい。

4　能力検定でよい成績というのはどれほどの能力か

普通の飼い方をして年々引き続き検定を行い、その成績を利用しようとするが、さて、どの位の成績がよいかという部類に入る質問と、いくら位の成績を目当によい牛を選び、悪い牛を除き、能力を高めて行くべきか、という質問が、読者の中に起きるかも知れない。それは当然である。しかし能力といっても、周囲の事情によって違ってくるから、一様にいうわけにいかない。とにかく容易に届かぬような、十分高いと思う目標を置いて、がんばらねばならぬ。それができたら、また一段と高いところに目標を立てて改良すべきである。ここでいいたいことは、乳牛群を改良するときには、乳牛の検定成績の良否によって、優良組と普通組の２組に乳牛群を分けて、改良の目標を優良組の改良をめざしてやり、普通組の牛は、事情の許す限り早く、最も悪い牛からだんだんと淘汰するということである。

飼料もかなりよく、牛舎の設備もよければ優良組の牛の能力の改良目標を２歳牛〈初産〉で１日２回搾り、分娩から12～13ヵ月目に次の分娩をするようにして305日で、乳脂量300ポンド（135kg）としてやり始める。これならば順当に発育して成牛になれば、１乳期乳脂量400ポンド（180kg）以上になる。取扱いがよければ、これ位の牛ならば6乳期で乳脂量2,100〈１乳期平均350〉ポンド（945〈平均157.5〉kg）であり、乳脂率３パーセントならば乳量70,000ポンド（31,500kg）、４パーセントならば乳量52,500ポンド（23,625kg）、５パーセントならば乳量42,000ポンド（18,900kg）となる。これは成牛、若牛、乾乳期に入ろうとする牛までも含めての１頭平均の成績だから、よほどよいものである。

アメリカの乳牛の優良組の目標を１日２回搾り305日間の能力を乳脂量350ポンド（157.5kg）にして、12～13ヵ月で次の分娩をするようにしたいものである〈乳脂量350ポンド（157.5kg）ならば、脂肪率3.5パーセントとして10ヵ月で約4,500ℓである〉。この目標は、現在では少し高すぎるように見えるが、努力すれば必ず達せられる目標である。ここまでいけば、必ず儲かる乳牛の能力である。多くの酪農家は、すでにこの目標に達しているし、ある者は、これを超えている。しかし能力検定を行わずして、この儲かる、高い酪農の目標に達する方法はない。年々引き続き能力検定をしてこそ、初めて達せられるものである。酪農をやって、生存競争に打ち勝ち、躍進するためには、ぜひとも検定をやらねばならない。

5　能力検定成績の本当の値打ちはどうしたらわかるか

これまでの検定成績で、よいといわれるものの多くは、1日3回搾乳以上の成績である。それでは、1日2回搾りよりやらない普通一般の酪農家の人々には応用できない。応用できる能力に計算するのに、私は大変骨折った。1日3回搾りすることによって、今日一般に採算が合い、そのために牛の平均能力が増してき、儲けも多くなったことは確かである。しかし儲けを度外視して得た突飛なよい能力の成績は、本人はもとより、世間までも誤まらせることがある。その検定の多くは4回搾りであり、普通この種の検定をするために準備するといって、不利益にも長い間乳を搾らずに休ませておく。これが、普通高等登録検定のための準備のやり方といわれている損な方法である。これには検定牛を特別に設けた独房に入れ、大レコードをつくろうとして、特別飼いをするために、その牛は傷められるものもあり、中にはその1期検定はどうにかよいが、その後は使いものにならぬような廃用になるものも出てくる。私は高等登録検定牛の多くのものがそうだとはいわない。しかし検定牛の成績を調べるときには、まず一応こういうこともあるものだ、という観念で疑いをもってよく調べなければならない。

一体、乳牛というものは特別によい扱いと飼い方をして得た非常によい能力検定成績というものを、確かに子や孫牛に伝えることはできない〈デンマークの試験でも特別扱いと特別飼いをすると普通の場合よりも3倍の能力をあげている〉。乳牛は、普通の酪農家では普通の扱いをしてつくった能力以上は、子孫牛に伝えられないものである。

したがって、普通の酪農家では、種雄牛を買うときには、母牛が高等登録牛であり、検定成績が非常によいとき、これは一体どんな扱いをして得られたレコードであるか、その事情をよく調べた方がよろしい。どういうふうに調べるか。例えば1日4回搾り365日間乳脂量800ポンド（360kg）の能力は、1日2回搾りで、普通によい扱いをした場合の成牛に換算すると、どれだけの能力に相当するか。

1日4回搾り365日間乳脂量800ポンド（360kg）の能力は、1日3回搾り365日間乳脂量675ポンド（304kg）になり、1日2回搾り1ヵ年間560ポンド（252kg）に相当し、1日2回搾り305日間12ヵ月目に次の分娩をするとして365日間検定する乳牛群検定成績、または乳牛検定組合成績では、乳脂量465ポンド（209kg）に相当する〈すべての条件が同じとしてみたものである〉。

そうかといって、私は乳牛群検定、乳牛検定組合の成績で、乳脂量564ポンド（254kg）の牛が、どれもこれもみな1日4回搾りして、高等登録検定で800ポンド（360kg）の成績を得られるというのではない。また、高等登録牛で乳脂量800ポンド（360kg）の牛が、普通の酪農家の中で、他の乳牛群のような扱いを受けて、乳牛群検定または乳牛検定組合の検定成績を出した場合、年々引き続き乳脂量465ポンド（209kg）得られるというわけにもいくまい。年産乳脂量800ポンド（360kg）の牛を非難するつもりではない。800ポンド（360kg）の能力の牛は、立派な牛であるのはもちろんである。2回搾りで年間乳脂量465ポンド（209kg）を生産し、それを年々繰り返すという牛は、非常によいに違いない〈乳脂量465ポンド（209kg）なら脂肪率3.5パーセントで乳量約5,990kg〉。一歩進んで、特別によい取扱いということを除けば、1日4回搾り年間乳脂量800ポンド（360kg）の牛は、平均して、酪農家の中でよく飼われている乳牛群で、年々引き続いて年産乳脂量約450ポンド（203kg）の牛と同じものである。私は乳を出すということからも、また子牛をたくさん産むということからも、普通によく飼われている、酪農家の中で3ヵ年引き続いて普通の検定で乳脂量450ポンド（203kg）の牛は、1日4回搾りの高等登録検定で、乳脂量800ポンド（360kg）の多くの牛と、同じ能力があるものと考えて間違いないと信ずるのである。

年間乳脂量800ポンド（360kg）というよい牛になると、多くの牛を初めから拡大鏡で幾倍か大きくして、本当の値より大きく見ているし、一般酪農家の中で、乳脂量450ポンド（203kg）といえば、なんだそれ位の能力かと、反対に望遠鏡の小さく見える方で見るから、本当の値より小さく見えているのである。しかし、よく見れば両方とも、能力でも、遺伝する能力でも、ほとんど同じであるということを、よく見抜いてもらいたい。1日4回搾りの検定をやるものは、だんだんと減ってきて、高等登録検定でも1日3回搾りになってきたので、やや普通のものに近づいてきたのは、よいことである。

1日3回搾りであれば、高等登録検定にせよ、乳牛群検定にせよ365日間の成績で、乳脂量650～700ポンド（292.5～315kg）の成績は、非常によい成績であるといわねばならない。また同じ位の取扱いをして、1日2回搾りで、乳脂量540～585ポンド（243～263kg）の牛、また1日2回搾りで305日間、しかも12～13ヵ月目に次の分娩をし、引き続いて乳脂量450～500ポンド（203～225kg）の牛と、同じ程度の能力とみてよろしい。3回搾りの高等登録牛で、3ヵ年引続いて、乳期365日間乳脂量700ポンド（315kg）以上であり、3ヵ年間に普通に子牛を3頭産めば、偉大な乳牛として称賛してよろしい。実際とびきりよい牛である。しかし、ここで私が重ねていいたいことは、乳牛群能力検定でも、また乳牛能力検定でもよろしいから、1日2回搾りで、年々引き続いて乳脂量450～500ポンド（203～225kg）の能力を出した牛は、前者と同じく偉大な牛であるということである。これらの牛は、その牛種の中でも偉大な牛であり、乳牛群の改良の母体となるものだと認めるべき牛である。能力検定が一般に行われるようになれば、このようなよい牛がますます多く出るようになる。

この検定は年々引き続いてやって行くように、同じ条件の下で、子孫牛の能力が、親牛の能力あるいはそれ以上の成績であるようでありたい。このように子牛に伝える能力がよければ、普通の牛の改良することができる。さて、この1日3回搾り乳脂量600〜1,000ポンド（270〜450kg）以上のような能力のよい牛は、なかなかまれであり、1日2回搾りで、乳脂量700ポンド（315kg）以上の牛ができたら、それこそ特別によい牛である。そして、その能力が子牛に伝わることがわかれば、その牛は値のつけようもない宝であり、最善を尽して、健康を保ち、改良繁殖に使うようにしなければならない。

元来、乳牛の改良の計画は至極簡単明瞭な次の短い言葉に尽きる。――もっともよい牛を見つけ出し、その牛から親勝りのよい子牛が生まれるように繁殖に努め、飼って採算の合わない牛を1日も早く淘汰し、その牛から子牛をとらない。そして年々歳々忍耐強く能力検定を敢行することである――しかし、いうことはやすいが、実行となると、一通りの忍耐ではなし遂げられない。何回の失敗にもひるまぬようでなければ成功しない。万人等しく困難として中途で腰折れしてやめるが、能力のよい乳牛をつくる道は外にない以上、ただ努力あるのみだ。

6　オーバーブルーク牧場で
実際に乳牛を選んだ方法

体型と外貌〈姿〉で乳牛を選ぶとすると、1日3回搾り年間乳脂量400ポンド（180kg）〈乳脂率3.2パーセントとすれば乳量約6,300kg〉の牛を集めることができる。よほど鋭い、慣れた人ですら、見ただけで牛の能力を見抜く程度といったら、これが最高限度といってよかろう。そこで、能力検定成績がなくては、牛の能力を高めていくことはほとんどできない。この400ポンド（180kg）平均能力さえも、大きな乳牛群ではできなかったであろう。オーバーブルーク牧場では、とにかく20ヵ年間に検定成績によって選び、ふるいおとしをやるかたわら、よい種雄牛をかけて、よい牛を増やし、飼い方を改めてきたので、1日3回搾り365日間で、1942年には1ヵ年平均して、搾乳牛77頭で乳量16,523ポンド（7,435.4kg）〈約7,460ℓ〉、乳脂量572.8ポンド（257.8kg）となった。その前10ヵ年平均能力は乳量15,802ポンド（7,111kg）、乳脂量532.4ポンド（239.6kg）であったから、10ヵ年間に乳量721ポンド（324.5kg）〈約330ℓ〉乳脂量40.4ポンド（18.2kg）増加したことになる。この成績はアメリカ・ホルスタイン・フリージアン協会の乳牛群検定の成績である。このようなよい成績をえたのは、搾乳牛全部を、年々引き続いて検定し、能力の低い牛からだんだん売って、その代わりに乳牛群の中でもよい牛から生まれたよい若雄牛を使ったこと以外に理由はない。

実は最初の6～7年間というものは、搾乳牛の健康があまりにもよくなかったから、選択、淘汰を思い切ってやることができなかった。あまり搾乳牛の死亡、故障が多いので、生まれる雌子牛はやむを得ず全部育てて、納入先の病院に必要な乳量を調達しなければならなかった。しかし、子出しの故障と、一般の健康がよくなってからは、初めてよいものを選び出し、悪いものを売ることをきびしくやることができるようになった。丈夫な病気のない乳牛群で、初めて早くよい改良繁殖がなし遂げられるものである。

オーバーブルーク牧場で創立以来、外から見て体型・外貌〈姿〉が悪いといって、乳牛を場外に売り払ったことはないといってよい位であった。初めのうちは能力が劣るものは、姿も思わしくないと

等級と能力の相関性

能力検定成績 365 日 1 日 3 回搾乳

等級	頭数	改良組合能力検定頭数	左同率比	平均乳量	平均乳脂量	平均脂肪率	備考
				ポンド	ポンド	%	
エクセレント	511	261	51.1	17,215	601.4	3.49	エクセレント級の乳脂量がベリー・グッド級のものより 46.9 ポンド（21.1 kg）多く、徐々に減ってプアー級とエクセレント級では 170.7 ポンド（76.8kg）違い、乳量ではエクセレントとグッド・プラスで約 552.6ℓ、エクセレントとプアーの差、約 20.7ℓ 下回わっている
ベリーグッド	3,122	1,377	44.1	15,988	554.5	3.47	
グッドプラス	5,363	2,223	41.3	15,754	544.5	3.46	
グッド	6,283	2,138	34.0	14,960	513.6	3.43	
フェアー	1,300	426	32.8	14,316	488.1	3.41	
プアー	117	25	21.4	12,612	430.7	3.41	
合計	16,696	6,440	38.6	15,492	534.5	3.45	

体型と能力の相関性

Bell Farm Suzone V.G. 517606 の娘牛の Classification Sep. 30, 1949 までの成績	年齢		等級	主たる査評				副査評			
				外貌 <General appearance>	乳牛らしさ <Daily Character>	体の大きさ <Body Capacity>	泌乳器官組織 <Mammary System>	前乳房 <Fore Udder>	後乳房 <Rear Udder>	肢蹄 <Legs feet>	尻部 <Rump>
Essex Suzone Arlena 2030147	9	3	G.P	G.P	V.G	G.P	G.P	G.P	G.P	G.P	G.P
E. S. Autume Bell 2267602	3	6	V.G	V.G	V.G	V.G	V.G	V.G	V.G	V.G	E
E. S. Ida 1849120	11	10	G.P	G.P	V.G	E	G.P	V.G	G.P	V.G	G
E. S. Last Lady 2303578	3	4	V.G	V.G	V.G	V.G	E	E	E	V.G	G.P
E. S. Susie 1845181	12	6	V.G	V.G	E	E	V.G	V.G	V.G	E	G.P

注） E＝エクセレント、V.G＝ベリーグッド、G.P＝グッドプラス

いうことであったが、後では改良が進むにつれて姿もよくなって、そう姿のひどいものはなくなった。能力を高めるとやがて外貌も体型もよくなるという結果になって表れてきた。そこで私は、能力の非常によい乳牛群は、おしなべて体型・外貌〈姿〉もよいものであるということを認めるのである。能力検定でよい能力だと証明され、かつ子出しがよい牛を選んでいけば、大概はその道の人が見て、よい牛だ、といってくれる位の乳牛が揃ってくるものである。しかし、特別によい姿の牛を集めたいと思えば、おもに種雄牛を選ぶ時に、特に姿のよい種雄牛を選んで改良するより他ないのである。私はアメリカでは、能力は飛びぬけてよい乳牛だが、姿が悪いからといって、その牛を改良に使わないという余裕はないと思っている。体型〈姿〉は幾分悪くとも、能力の非常によい牛は保存して、乳牛群に特によい能力の牛の血〈実は遺伝する因子〉を保存し、体型の悪いところが子牛に伝わる心配のあるものは、特にその欠点のある個所を改めることができる種雄牛を用いて、うまくかけ合わせて、改良すべきものと思っている。アメリカの乳牛改良について、私の望むところは、この本位の薄いページでは到底いい尽せない。またいいたいことの多くは、書き表せない。酪農家というものは、先天的に酪農家として生まれてきた人か、そうでない人は、努力の結果、磨き上げ体得しなければならないものである。毎日乳牛と一緒におり1頭1頭について、よい所も悪い所も知り尽し、何代も何代も昔の代の先祖牛をよく覚えており、自分の牛について、はっきりした判断をつけておくことが、よい牛を選ぶもとになるのである。

結局ブリーダーが正しい判断力を持っているかどうかは、その人の選んだ牛を見ればわかることであり、その判断力のあるかないかで、「マスター・ブリーダー」〈牛づくりの名人〉であるかどうかが決まるのである。ブリーダーでない一般の酪農家の改良の目標は、乳牛を飼ってなるべく多く儲かればよいのである。うんと儲かるには長年引き続いて、乳が多く出る牛でなければならない。ある人が私にいうのに、自分は今まで長い間乳牛を飼って、自分で乳を搾ってきた。しかし１度も乳量を量ったこともないし、飼料も同様量ってやったこともなく、目分量でやっていた。それでもやめずに酪農業をやっている、とのことであった。こういう人が実に多いのに驚いている。実際その人達はそういうでたらめなことをやって、今日まではどうにかやってきたであろう。しかしその人達はいかにもお目出たい人々である。その人達は、乳量と脂肪率を検定していたなら、今日よりも、立派な酪農家になっていて、収入も増え、立派な暮しをしていたであろう。残念なことである。しかし、今から始めても決して遅くない。ぜひ能力検定を始めよう。

7　品種の選び方

アメリカには、乳用品種としてエアシャー、ブラウンスイス、ガーンジー、ホルスタイン、ジャージーの５種類がある。各品種ともそれぞれよい所がある。くわしいことは牛種協会の専務理事に聞くがよい。協会の所在地と理事名は次の通りである。

エアシャー種協会はバーモント州ブランドンで、専務理事（当時、以下同）はＣ・Ｔ・コンクリン、ブラウンスイス種協会はウィスコンシン州ベロイトで、専務理事はフレド・イヅセエ、ガーンジー種協会はニューハンプシャー州ペテルボロー、専務理事はカール・Ｂ・ムッサー、ホルスタイン種協会はバーモント州ブラトルボロ、専務理事はＨ・Ｗ・ノルトン・ジュニアー、ジャージー協会はオハイオ州コロンバス、専務理事はフロイド・ジョンストンである。

品種を決めるときにまず考えねばならぬことは、牛乳の売込先である。次には酪農家自身の腕に合うか、また好みに合うか、地方の事情とよく合うか、そして、その種類はその地方の多くの品種と同じ種類かどうかということも考えねばならない。もっともよい品種であっても、すべての乳の市場に向くとはいいかねる。またどの乳用種であっても、よい牛もあれば、悪い牛もある。酪農家にもっとも大切なことは、どの品種を選んだ場合でも、その品種の中でもっともよい牛を選ばねばならぬということである。

8 5大乳用品種

エアシャー種　スコットランドの原産であり、アメリカでもスコットランド系の人々に愛好されているのは自然である。原産地の高原では放牧して極めてよい牛である。数世紀もかかって改良して放牧によいように仕上げた。この牛は放牧してよいようにできているというのが本来の特徴になっている。スコットランド人は活気に富んだ気性を持っているが、この牛もまた気性が原産地の人々に似ている。スコットランド人は、経済的に間に合うように牛乳を生産するように牛を選択改良したのであるから、この種類の牛の体は中等大で、飼料をあまり多く食わず、乳をよく出す牛にでき上がっている。それでエアシャー種には途方もないすばらしい記録牛はないが、平均してよい能力を持っている。こういう経済的な考えを、エアシャー種登録協会で奨励しており、乳牛群検定をやったのもこの協会が一番初めであった。そのため乳牛群の平均能力が総体的に増してきた。また検定を受けた牛〈純系〉が、他の品種よりも割合に多くなっている。

この品種の乳脂率は4パーセントであり、生乳として販売するに最もよく、乳は白色で、脂肪球は中等大で、幼児や病人でもたやすく消化するから、赤ん坊や病院用牛乳として好かれている。品種を通して見ると、この種類ほど体型・外貌が似て一様である牛はない。これはブリーダーがどこまでも体型・外貌をやかましくいってきたからである。
この品種の赤白斑は、はっきりしている。体型中もっとも強い点はどの牛もどの牛も、正方形の乳房の底が水平で、よく体にくっついていることである。私の考えとしては、この品種が普及しないもっとも大きい原因は、あのすばらしい立派な角であると思う。共進会でもブリーダーの乳牛群でも、あんなすばらしい角をしていなければならないという考えはどうかと思う。全ブリーダーが、こぞって所有する子牛を除角すれば、エアシャー種を飼う者が増え、ブリーダーの乳牛群内でも、取扱いに至極都合がよかろうと思う。

ブラウンスイス種　この品種は最近５大乳牛種の１つとして認められたが、今日ではまだ頭数がそれほど多くない。しかし、この牛を飼う酪農家の数は非常な勢いで増えてきた。大きな体をした牛で、乳を出す能力もよく、どこでも飼えることは大変に評判がよい。そのうえ、非常に粗野で、上品なところがないが、生まれる子牛はすばらしく、図抜けて大きく、なかなか長命であり、搾乳牛として最も長く使用することができる品種である。
姿は今日なお極めて粗野であり、品種としては姿が揃って整一でないうらみはある。また乳房は改良すべき点が著しく残っている。しかしよい格好をした牛も多く、乳牛として、よい素質を持っており、非常な勢いで改良されている。
体のつくり〈構造〉は頑丈で、心肺の発育がよく、活気に富んでいることは、もっとも称賛すべき点である。純系ブラウンスイスの乳は、平均して乳脂率４パーセントに近く、白色であるから生乳用または小売用としてよろしい。平均能力はホルスタインに次ぐ大きな能力である〈検定成績による〉。アメリカにおけるブラウンスイス種の発展の余地はすこぶる大きい。ブリーダーはこの見通しと確固たる決意を持って、一時は苦しくとも、それに耐え得る能力以上の牛のみを選抜、登録するように望む。

そのためには純系雌牛は残りなく全頭能力検定をやり、所定の能力に達しない牛は、登録を受ける資格がないものとする。雄牛は、その母牛がこの検定を受けて能力優秀なりと保証された牛以外のものは、登録を受ける資格がないものとする。こういう制度にして数ヵ年間実行すれば、価値のない純系牛は、ほとんど全部淘汰されて、残るものは平均して高い能力の純系の牛ができる。

毛色その他の嗜好に合うのみならず、能力の高い純系牛ができ上がることになる。このような改良方針は、どの種にも用いられてよいものである。ただこれを遂行するにあたっての支障は、純系牛全部をいやが応でも選抜登録するのであるから、理想としてはともかくすでに純系牛の頭数が膨大な数に達している品種では、いうべくして行い難い問題である。それをブラウンスイス種に対して忠告するのは、ブラウンスイス種の純系牛は、割合に頭数が少ないから、行おうと思えばブリーダー間で一致しやすいと思うからである。さらにつけ加えたいのは、ブラウンスイス種の優良牛の泌乳能力は、種畜としてエクセレント級の乳牛に発達させる計画を立てても十分実行できるからである。

どの牛種協会でもよいが、そのブリーダーが奮起して、この計画を一生涯引き続き実行すれば、アメリカの純系登録牛を圧倒するようになることは確実である。したがって非常な利益を招来し、酪農事業発展に寄与すること大なるものと思う。幸いにどの牛種協会でも進んでこのような改良計画を採ろうとしているから、よい乳牛に改良繁殖しようとするわれわれの目標に近づきつつあるといえる。ブリーダーも、一般酪農家も、自ら進んでこれを行わなければならない。

ガーンジー種　黄金色のガーンジー牛乳は、黄金色と白色の斑紋をしたガーンジー牛から出る乳である。この黄金色の色素は、ガーンジー牛とその乳の特色である。この黄金色の乳が、ある乳の市場ではプレミアム付きで奨励されている。この乳は濃いといって、主婦の関心をあおり、他の品種の乳よりも高く売れ、また多く売れる市場もある。

乳脂率は５パーセントであるから、普通取引される大量の乳としては、脂肪が濃過ぎて使えない。また幼児用、病人用としては多分使えないだろう。しかし、この特殊なミルク、クリームの多い乳が黄金色をしているということは、消費者に特別の魅力があることは確かである。

アメリカ・ガーンジー・クラブでは、牛乳の市場開拓に大わらわである。ガーンジー牛が、他の品種の牛よりも幾分高く取引されることは確かであるが、これは特殊ミルクを生産するということ以外にも原因がある。ガーンジー牛を飼う人々は、物好きである上に、富裕な人々であり、大きな邸宅を持っている金満家が、この特殊のミルクに魅力を感じているからである。

この富裕階級の人々は、自分達の嗜好に合う牛ならいくら高くても平気な人達であるから、自然にこの種類の牛が高くなる。この牛に人気があり、高価なのは、必ずしも他の品種より、乳牛としてよいというわけではない。

実はこの人気があるということが、ガーンジー種の改良に大変な障害になっている。もっともよい牛が富裕な人々に買われて行き、真のブリーダーの牛群から、偉大な牛が離れて行くから、ガーンジー種の改良のためには、有利でなくなるうらみがある。

元来品種というものは人気が出れば出るだけ、ブリーダーは淘汰をしないことになる。しかしどの品種でもまたブリーダーでも、厄介もののクズ牛を淘汰せずに残しておくわけにはいかなくなるものである。値段が高ければ、どんなよい牛でも手離すという考えが、ガーンジー種のブリーダーの脳裡にあり、またガーンジー・クラブの幹部の人々にあるからである。そのためガーンジー種では、純粋牛の乳牛群検定頭数があまり増えない。また、ガーンジー・クラブでは積極的に奨励していない。牛を高く売るための高等登録の検定をやり、普通の能力検定はあまり行われていない。

劣等牛の淘汰をやることも、他の品種ほどやかましくない。とにかく、ガーンジー種の今日の改良方針は、本当の改良という点からみると、遺憾な点が多い。どの品種でも真の改良をしなければ、牛種の進歩改良はできるものでない。ガーンジー種は、今までこれほど牛種改良に貢献してくれたのであるから、私が、ガーンジー種のブリーダー諸君にお願いしたいのは、能力検定を普及し、選抜、淘汰を行い、真の改良計画を検討されて、ガーンジー種が自然に恵まれている特性を、ますます発揮するようにすることは、各位の大なる責任であるから、これを誤りなく、果されんことを望んでやまない。

ホルスタイン・フリージアン種　黒白斑で、体は生れつき大きく、乳用牛種最大の泌乳能力を持っている。乳量、乳脂量ともに最大レコードを保持し、乳牛１頭においても、また乳牛群の平均能力でも最高の能力を出している。アメリカでも、乳量、乳脂量ともに他の品種を圧倒している。

ホルスタイン純系登録牛は、他の４乳用品種を合わせた頭数よりも多い。今日のアメリカ雑種牛の約６割はホルスタイン系で、黒白の斑紋をしている。このようにホルスタイン牛の多い原因は、一般酪農家の市場に向くし、どんな所でも飼えるし、また乳のみならず肉にしても値段がよいからである。ホルスタイン牛は農家向きの牛であり、経営規模の大小にかかわらず向くからである。

わがアメリカ国内で消費される乳量の7割以上までホルスタインの乳である。ある市場ではホルスタイン乳はよいといって区別している所もある位である。乳脂率は3.5パーセントであって、濃からず、薄からず、ちょうどよろしいわけである。乳脂率の高い乳を要求することは勿論であるが、それはある範囲に限られている。

ホルスタインの乳は白色でビタミンAの含有量が多い。チーズや練乳工場地帯ではホルスタイン系の乳牛が多数を占めている。また、州立病院、群立病院その他公共団体では、できるだけ安い乳を大量に生産しなければならないから、牛乳処理場を持っているが、ここでは例外なくホルスタインの乳を用いる。

ホルスタインの乳脂率は3.5パーセントであるが、乳量が多いから、乳脂量は他の品種より多いことになる。よいホルスタインを飼っている農家では、1日2回搾りであるが、1日60〜70ポンド（27〜31.5kg）〈約27〜32ℓ〉の能力が普通で、他の品種では見られない能力である。1日3回給餌して3回搾りすると多くのホルスタイン牛は1日当たり100ポンド（45kg）〈約45ℓ〉も出る。私の管理するオーバーブルーク牧場では、1942年、搾乳牛76頭の平均乳量が年産16,523ポンド（7,435.4kg）〈約7,400ℓ〉、乳脂量572ポンド（257kg）であり、10ヵ年平均1頭乳脂量532.4ポンド（239.6kg）であった。

どの牛種でも、大牧場で、このようないい成績の牛は、公定の検定成績には見られない程の好成績である。ホルスタイン牛は体が大きく、乳量は多いが、飼料特に粗飼料を多く食わせなければならない。少ない飼料で、よい成績はあがらない。ホルスタイン種の乳牛生産経済は、他の品種と同じく、よく養って、よく扱って、初めて最高の成績を得られるものである。登録されたホルスタイン牛の値段は、主として、乳量の方面からつけられているが、優良な牛は原種として、改良の基礎牛にされるから、それだけ割増金がついて、高値で取引されている。

ある品種が流行るというのは、おもに商業価値があり、儲かるからであり、ホルスタインが流行ることは、ホルスタイン牛の改良を促すことになってくる。純系ホルスタイン牛でも、劣等な牛は乳と肉代以外には価値がないから、自然に乳牛群から淘汰されブリーダーの台帳から削除されていく。

アメリカ・ホルスタイン・フリージアン協会では2〜3年来ブリーダーを動かして改良の基礎となる乳牛群設定運動と牛種改良に乗り出した。真の改良発展の気運がめざめてきたのである。乳牛群検定の奨励により、少しでも望ましくない牛を除き、最も生産力の高い、繁殖力の多い、健康で、長命な牛を見いだし、その血統を広く使用しホルスタイン牛改良を、従来よりも、一層前進させるべく努力している。この計画によれば、種雄牛の娘牛の全頭の能力がわかるから、その種雄牛の遺伝する能力と体型・外貌がはっきりして、種雄牛の真の価値が知られるようになる。乳牛群全部の牛を引き続いて検定するときには、若い種雄牛を選定するのに、信頼できる基礎資料があるから明確になってくる。現在アメリカ・ホルスタイン・フリージアン協会の幹部によって計画されている改良方法によれば、必ずや大改良を遂げ得るものと信ずる。

ジャージー種　この品種は特にバターとクリームの多い牛乳を出す牛であり、この乳は乳脂率が高く、平均5パーセント以上である。ジャージー牛乳はある市場では他のミルクよりも割高である。この牛はアメリカ東部地方で、牛乳を販売する大きな牧場で飼っている。

ホルスタインを飼って多量の乳を生産している大牧場でも、乳脂率を高めるために、ジャージー牛を飼っている所もある。ジャージー牛を飼う農家は、脂肪率が高いから飼うのである。しかし、生乳用としては、乳量が多くないからさほど儲からない。薄い乳に混ぜて濃くするために用いられる。クリームを販売する農家や、バターを売る農家は、ジャージーを選ぶ者が多い。

この牛は５大乳用牛種のうち、体が一番小さいから、他の体の大きい品種の牛との能力比較では不利な場合がしばしば起こる。しかし体の大きさ、食う飼料からいうと、平均してどの品種の牛も、乳脂量の生産費では勝てない。

ジャージー牛は、体が美しく乳牛らしい姿をしており、乳房は乳牛のモデルである。毛色は人目を引く鹿毛色をしている。したがって富裕階級が好んで飼養する。この人達の中には、ジャージー種改良に非常に貢献をした者があり、輸入牛やその関係の牛がアメリカの乳牛共進会で多数上位を占め、高値で取引されている。輸入牛の中には能力の非常によい牛もあるが普通の牛もいる。しかし総じてアメリカ生まれの牛は輸入牛より能力がよく、また体が大きい。

アメリカのジャージー牛ブリーダーは主に酪農業を営んでいる農家であるから、能力によって選択し、能力によって評価している。

以上５大乳用牛種について、簡単にしかもかたよらない、公平な立場で議論を進めてきたつもりであるが、それでも、ある特殊な牛種について、特に愛好している人々の中には、私の議論に対しご意見もあるだろうと思う。しかし、私としては、信じている点を、率直に述べたにすぎない。ただ泌乳能力の検定成績については、私がホルスタイン種のブリーダーである以上、あるいは不十分な点があるかもしれない。

しかしホルスタイン種のブリーダーになる前には、他の乳用牛種についてかなり経験を積んでいるつもりである。

9　健康な乳牛群をつくる基礎牛の選び方

健康な乳牛であってこそ初めて儲けを上げることができるものである。健康ということには、実に広い範囲がある。

牛は、流行性疾患にかかっているかどうかにより、また飼養管理の適否により、健康にもなれば、弱くもなり、また、いくら具合が悪くとも、抵抗する力が遺伝的に強いものと、弱いものとがあるものである。この点からも、やりようによって健康にもなれば、弱くもなってくる。

どの品種でも、その健康は周囲の健康状態如何に影響されるものであるから、安心はできない。健康といっても、問題となるものは肺結核とブルセラ症（現在はほぼ撲滅）、乳房炎、トリコモナスの4つの疫病である。

これらの病気については、獣医師の助言と、畜産当局の監督の下に処置しなければならない。獣医師でない私の、健康についての意見は、素人のいうことに過ぎないことをご承知願いたい。

ブルセラ症、トリコモナス、乳房炎の予防方法については、まだまだ学ばなければならない。乳房炎と乳房のシコリは伝染性のものと、栄養から起こるものとがある。前記4つの病気にかかっていない牛群をもっている人は幸いである。これらの病気は、万全の方法を講じて予防してもらいたい。すでに何頭かかかっている場合は、どういうふうに経過しているかを見て、断固たる処置を取られたい。それにしても、熟練した獣医師の指導の下にやられるようにするがよい。これらの病気のない牛群は、能力100パーセントである。新しく牛を入れるときには、特にこれらの疾病について健康検査をして、無病のものを選ぶようにしなければならない。これらの病気の予防法について、詳細な記述はこと獣医師の範囲であるから、ここでは手をつけない。

この記事を、1940年に書いて以来、ブレセラ症予防のため、子牛にワクチン注射を8ヵ年間試み、また他の乳牛群の成績を見て、いよいよこの予防注射が効果あることを信ずるに至っていることをつけ加えておく。

10　ブルセラ症の予防法

流産菌ワクチンを注射する目的は、牛群をブルセラ症から免疫にし、ひいては、わが国全体の畜牛を、バング菌による流産から、完全に守るためである。バング菌の伝播（でんぱ）は、防止すればすぐにせん滅することができ、一度免疫にすれば、一生涯免疫になるのでなければこの目的を達しない。このことについて、獣医師の意見をはじめ、政府当局、記者たちは、長々と論文を書くだろうが、ブルセラ症でもっとも苦しい辛酸をなめたのは酪農家である。

その苦しんだ1人として、私の考えを述べよう。私は、酪農家がワクチン注射をしているのをよく見た後、1940年5月以来オーバーブルーク牧場でワクチンの注射をやっている。実はニュージャージー州立大学と、ニュージャージー州政府の獣医師の指導を仰いだが畜牛の生涯を通して、いつの時代でも、このワクチンを注射してはいけないという話であった。しかしニュージャージー州の農務局では、生後5~8ヵ月齢の子牛には、注射するがよかろうということであった。なお注射の前後に、血液検査をせよとのことであった。そこでワクチン注射をしたが、これがうまく成功して自家産の雌子牛をもって母牛の世継ぎにすることができるようになった。その子牛たちは4ヵ年後まで免疫になっていた。そのうち生後8ヵ月齢以上というので注射しなかった36頭の成牛群は、免疫になっていなかった。しかしこれらの牛は、よい基礎牛であるから、できるだけ長く繁殖したいと思って残しておいた。また付近の酪農家のやっているのを見て、よく調査して確信を得たので、この36頭の牛にも州当局の意見を押し切って注射した。その結果34頭は陰性であり、2頭だけは陽性で、バング菌があることがわかった。今日になって注射した成牛の成績は、36頭中4頭が血液検査の結果陽性であり、中には余程疑わしい症状のものもある。これら保菌牛あるいは疑症牛は老齢牛であるから残してあるが、現在オーバーブルーク牧場にはバング菌を持っている牛はいない。牛という牛には全部注射して、免疫になっているからである。

ワクチンを乳牛群全部に注射すれば、8〜10ヵ年で根絶することができる。この流産菌は、免疫にするのでなければ、アメリカからなくすることはできないだろう。オーバーブルーク牧場やその他の酪農家の数千頭は、政府当局の認めない注射をしたが、全部免疫にすることができたのである。われわれの注射は、ニュージャージー州畜産局の監督の下に実施したから、公式といえないことはない。それにもかかわらず、州畜産局の中には、まだその効果を信じていないものがあるのはどういうわけだろう。

他の地域には全然感染していない所もあるようだから、今のうちに導入牛を検査して、病気のものは入れないようにしなければならない。全部の牛をバング菌流産から免疫にしておかねば、突発した場合急激に伝播し、大損害を招くことになる。当局者に意見の一致をみないのは残念であるが、速かに一致協力して、ワクチン注射を実施してもらいたいものである。1日早ければ、1日の得があるからである。

11　繁殖牛を選ぶには健康に注意せよ

長い間飼っている乳牛群に注意して、子細に見ている酪農家は、気づいていることと思うが、ある牛またはある系統の牛は、他の牛または他の系統の牛よりも、健康だとか、健康でない、ということがある。例えばある系統または血統の牛には、発情がはっきり現れないということはないが、ある系統または血統の牛には、獣医師に治療してもらったり、飼養に特別の注意をしなければならない牛が多い。またある系統の牛の乳房は、その質と特性のために乳房炎にかかりやすいようにできている、ということもある。またある系統の牛の乳房は、とても扱い難いということもある。またある乳牛、またはある系統の牛は、揃って物食いがよく、腹をこわさないが、ある系統の牛は、揃いも揃っていつでも腹をこわして困る、ということもある。その他いろいろの不健康が、どうも遺伝〈少なくとも幾分〉するのではないかと思われる節がある。酪農家やブリーダーとしては、これらの不健康なことがらは、遺伝する恐れのあるものとして日々注意して、これらの癖のある弱い牛は減らして繁殖しないようにしたいものである。

こういう故障のある牛を淘汰し、故障のない牛の子牛を残していけば、不健康な牛は、漸次乳牛群からなくなっていく。しかし、不健康の原因をよく追求して、飼養管理の悪いために起こったものであれば、その点を改善しなければならないのは当然である。

以上述べたように、搾乳牛や繁殖牛を選ぶとき、酪農家はよほどよく考え、研究し、判断して、その牛をとるかとらないかを、決めなければならない。泌乳能力を高めるためであろうが、体型・外貌を立派にしようとするためであろうが、種牛を選ぶためであろうが、あるいはまた健康にするためであろうが、そのいずれの場合であっても乳牛に日常接して得た、実際家の知識と常識で、最後の決定をしなければならない。

第２章　よい乳牛を繁殖する方法

乳牛を改良繁殖するには学識もいるが、また芸術家の心得がなければできない仕事である。乳牛を交配する場合、どの牛とどの牛をかけ合わせたら、どんな牛ができるかということがわかるのは、その人の生まれついた第六感によるか、または長い年月かかって養いあげたその人の勘によるものである。牛つくりの名人でも、ある交配で生まれた牛が先祖牛よりも優れたものとなっても、その交配をした特別の理由を説明できるとは限らない。よしんば説明できなくても、とにかくその人は立派な牛をつくり上げた能力があるのである。芸術家が立派な芸術品をつくったのと同じものであって、そのブリーダーが立派な芸術家なればこそできた制作品である。

牛つくりの名人は、熟練した、うまい交配によって、どういう風に遺伝するとはっきりわかった牛を、遺伝する要素のわからない牛に交配して、両親牛より勝った抜群の牛をつくり出すものである。確実に遺伝するという要素は家畜改良のもととなるものであり、それを土台にして改良を進めていくことができるものである。これらの遺伝要素が多くわかればわかるほど、確かに改良を進めて目標に近よっていくことができる。

どういうふうに遺伝するかわからないものは、ときには都合よく改良してくれることもあるが、またそのために、せっかくの改良がもとも子もなく目茶苦茶になって、またやり直しをしなければならない羽目にあうこともある。乳牛を改良繁殖するために、まず最初に知っておかなければならないことは、交配しようとする牛たちの、先祖の牛のよい点と悪い点を、正確にかつ完全に知っていなければならないということである。ここでいうよい点、悪い点といってもおもに、生産する乳量と乳脂量を指しているものである。

こういう知識と祖先牛の検定成績〈公私の能力検定成績〉が、子孫牛の能力に、どういうふうに直接効果を及ぼしているかも知っておかなければならない。生まれてきた子牛の持っている泌乳能力には、父牛の能力と母牛の能力と、半々に遺伝しているものであるが、われわれ酪農家としては、両親牛より遺伝した能力を、そのまま十分に発揮させるには、飼養をよくし、環境をよくしてやらなければならない。ここにいう子牛は、よく育成されたものであるが、適切な飼養と扱いをしてやらなければ、よく育成された牛のように能力を出さない。

しかし飼養と取扱いをいくらよくしても、生まれつき泌乳能力の劣等な牛は、優秀な能力にはならない。よく育成された子牛の泌乳能力は、両親牛から半分ずつ遺伝したものといったが、両親牛からのみ遺伝するばかりでなく、両親の両親〈祖父母牛〉からもまた両親牛に半分ずつ遺伝するように、両親牛から50パーセントずつ、祖父母牛から25パーセントずつ、曽祖父母牛から12.5パーセントずつ、第4代前の先祖牛からは6.25パーセントずつ、第6代前の先祖牛から1.562パーセントずつ、第7代前の先祖牛からは0.78125パーセントずつという具合に、次第に影響が少なくなってくる計算である。

多くの場合、遺伝がはっきりわからなくなるから、普通3代前からの先祖牛14頭と、その牛たちの身近な牛をよく調べるようにいわれている。このパーセントは、先祖の遺伝の割合を示したものである。即ち、子牛について判断する場合は両親牛が最も大切で、次には祖父母牛、その次には曽祖父母牛を調べる。これらの14頭の牛のうち、最も大切な両親牛の乳牛としての質〈たち〉と能力がいくらであるかを調べる。しかし、その質と能力が確かに先祖牛から遺伝されたものか、後天的に、飼養と管理を特別によくしたために出した能力かを確かめるためには、2代前の祖父母牛、3代前の曽祖父母牛について、本当に祖父母牛、曽祖父母牛が能力もよく、その子牛によく遺伝しているということがわかれば、先祖牛はみな立派であり、能力もよいから、両親牛の能力も確かに遺伝されたものであることがわかる。だから、2～3代前の牛までよく調べなければならない。

このように調べてみて、3代前までの先祖牛は、どれも体型・外貌が立派であり、能力も優秀であることが十分確かめられたならば初めて、問題の子牛は飼養管理をよくすれば、遺伝させたいと思って交配した親牛の体形・外貌に近づき、また予想の能力に牛を発達させることができるものと推定することができよう。今までは3代前の先祖牛について調べてきたが、もっと先代までもさかのぼって調べてみても、3代までと同じく、揃って体型・外貌、能力がよければ、問題の牛はいよいよ立派な牛であることが確かめられることになる。

それと反対に2～3代前の先祖牛が、希望する体型・外貌と能力を備えていないとか、あるいはいずれともはっきりしないとわかれば、両親牛がどれほど立派な体型・外貌と能力を備えていても、その牛には疑問符をつけ、選択しない方がよい。本当のブリーダーは交配する雄牛と雌牛を見れば、その間にできる子牛はどんな牛かを見通す力を持っているものである。自分の乳牛群を日頃扱っているから、意識的にもまた無意識的にも、1頭1頭くわしく見ており、また、その先祖牛についてもよく記憶しているから、すぐに頭にそれが浮かんでくる。それを土台にして、その子牛はどういうものかと、十分な判断と自信を持って交配するのである。

この1頭1頭の牛を知り、先祖牛を知っている知識の正確さによって、乳牛群を改良することができるかどうかが決まるのである。酪農家もブリーダーも、今持っている乳牛群よりも、一層改良していきたいという気持を持っているが、さて、問題になるのは、これまでやってきた改良法よりも確実な方法はないものかということである。私は自分の経験と観察により、その確実な方法を述べたいと思う。乳牛の改良は今まで遅々として進まなかったが、私のいうとおりに酪農家が皆実行するならば、必ず、これまでより早く、進行する確信がある。

いかなる改良方法も、引き続いて能力検定を行ない、その成績にもとづいてやるのでなければ、信頼できるものではない。そして、すべての環境が、普通酪農家の飼養管理と、あまりにもかけ離れてよい場合に検定した成績は、まずそれを普通農家の状況に引き戻しての能力に換算しなければいけない。これはすぐにもやれる。多くの検定牛を得ることで、乳牛群改良組合検定とか、純系牛群の能力検定を普及すれば、今までのような無理した検定成績でなく、普通農家の飼い方に近い能力が表れてくる。

乳牛群検定で、搾乳牛全部の一生涯の検定を行い、少なくとも3世代間、引き続いて検定を行えば、その時初めて、頼りになる改良ができる第一段階に到達する位のものである。とんでもないよい検定成績を振り回し、とやかくいって、自分はもちろん他人をもごまかすことは、一日も早くやめなければならない。正確な、普通の状態で出した検定成績によってのみ、揃ったよい乳牛群に改良する方法を編み出すことができる。

1　好ましい特性を持つ牛を交配してその特性を一層増強せよ

よい家畜をつくり上げた繁殖と育成の歴史をひもといてみると、不滅の功績を残したブリーダーは、ほとんど皆、血統が近いものを密接に交配している。両親の持つ好ましい特性——体型・外貌と能力を、ますます濃くし強化するために、系統繁殖をやり、ある場合には、近親繁殖をも辞さないで敢行したものである。

系統繁殖と近親繁殖との区別は、血縁関係の近い程度の差にすぎない。近親繁殖というのはきょうだい牛の交配、父牛と娘牛、母牛と息牛との交配などで、最も身近なものを交配するものをいい、系統繁殖とは、いとこ同士あるいはいくらか遠いが親戚関係のものの交配をいうものである。系統繁殖でも、もっとも身近かな血縁のものの交配は、近親繁殖に近いものである。例えば父牛をその孫娘牛に交配し母牛をその孫息牛に交配するものなど、このたぐいである。こういう交配は、両親牛のよい特性を確実に伝えるばかりでなく、後代にもその特性を確実に遺伝しようとするためである。その特性は、系統外のものに交配された時にも、その遺伝よりも強力で、それを圧倒する力があるものである。

系統外の交配というのは、同じ品種ではあるが、系統が違い、全然血縁のない牛を交配する場合をいう。こういう交配が、今日までわが国に多く行われた。しかし、種畜をつくる乳牛群では、こういう交配は、ある特別の目的のためになされるべきものであって、ただ改良するためだけなら、やるべき方法ではない。血縁が近いもの同士を交配するうちに、好ましい特性が幾分なくなってきた牛ができ、またどうしても矯正しなければならない欠点のある牛もできることがよくある。しかし、そのときでも、欠点を矯正できた後は、再び身近な牛を交配する方がよい。

ここで考えなければならないことは、系統外の交配で失敗するとみじめなもので、それまで長い間かかって改良したものが、全然ひっくり返ることがあるから、よほど慎重な態度でやらなければならない。自分のところの乳牛群と血縁の関係のない種雄牛を使用する場合は、乳牛群全部の牛に交配する前に、ひとまず数頭に、試験的にやってみることである。また、自分の牛群の血筋と同じ系統の種雄牛に交配してできたほかの乳牛群の数頭に、その種雄牛を交配してできた種雄牛を、自分の乳牛群に使うのも賢明な方法である。

また、自分の牛群中もっともよい牛に、欲しい血の種雄牛を交配して、それからできた種雄牛を使うのも一策である。エクセレント級乳牛の系統をつくり、立派な成績を得るには、長い年月努力しなければならないが、昔から成績をあげている繁殖方法から離れないように、常に注意しなければならない。たまに系統外の牛を交配して、1回ですてきなよい成績を得たというので、その後その方法をくり返してやっているものがあるが、残念ながら不成功に終わっている。

大きな乳牛群では毎世代、つぎつぎに、系統外の新しい種雄牛を交配するということはまずない。私はそんな繁殖方法で乳牛の改良に成功した例を見たことがない。系統外の交配をやって成功しているブリーダーは、1代交配だけでやめて、再び系統繁殖——近親繁殖に帰り、その間にできた劣等な牛は惜し気もなく淘汰して、改良を続けている。

2　遺伝能力保証付種雄牛を尊重する一派

乳牛を改良するには、能力を改良すればよいという場合には、乳量と乳脂量を生産する能力を遺伝する力を保証する方法によればよい、と宣伝している一派の人々がいる。この人々は、遺伝する能力を計算して交配しさえすれば改良ができる。血縁が近かろうが遠かろうが、一切おかまいなし、血縁関係は考えないのである。父牛の遺伝能力の指数と母牛の能力を、成牛能力に換算した能力さえわかれば、娘牛は父牛と母牛の半ばの能力になるのであるから、その能力の増え方の早いほど、改良が短かい期間でなし遂げられるものと考えている。そして、両親牛の先祖の牛についてはなにも考えない。

私が、乳牛の改良には能力検定成績が絶対に必要であるといったことを、よく了解されたことと思っている。

そこで乳牛の能力と繁殖力がわかったならば、昔から有名なブリーダーの成した業績を調べて、その方法に従わなければならない。昔は今のように検定成績などなかったが立派に成功した。乳牛改良の歴史を見ると、失敗したことは多い。しかし、それは血縁関係を考えず、能力のよい乳牛の息牛と能力のよい雌牛を交配したから失敗した。血統関係からいって乱雑な交配——雑婚をやったから失敗したものである。

繁殖史を見れば、飛びぬけてよい乳牛を少頭数しか飼っていない小ブリーダーが、その子牛をうまく互いに交配し、血を濃くしたので、立派なよい牛をつくり出したものがある。うまく交配すれば、たいした牛ができただろうと思われる牛もあったと思うが、惜しいことには〈後でわかったが〉血縁関係をはっきりさせなかったので血統から見た雑婚をさせたので、真価を表さない牛が多い。残念なことである。

私はここで重ねて訴える。純系登録牛は、すべて能力検定を受けて能力を明らかにし、改良繁殖のために優良な牛を多く発見し、また、一方能力の劣等な牛を淘汰しなければならない。いやしくもブリーダーといわれるものは、自分の乳牛全部を検定し、その成績によって改良しなければ、本当のブリーダーでないのである。

3　雑交繁殖を尊重する一派

アメリカ合衆国で、近頃少数ではあるがとても教育のある、しかもまじめな人々が、乳牛の改良を早め、またよい牛をつくり出すには品種間の雑交をした方がよいということをいい出した。昔は普通のつまらぬ牛群では平気でやっていたが、よい牛群では成績がよくないのでやらなかった。2つの品種間の優良な牛を交配してできた1代雑種牛には、あるいはすてきな牛が生まれるかもしれないが、それは1代限りのことであって、1代雑種を繁殖に用いたときには、よいものばかりできるということは大いに疑問であり、いつまでも繁殖価値を持っているとはいいきれない。

1代雑種をつくるのは、例えばホルスタインの乳量の多いもので、ガーンジーまたはジャージーのように、乳脂率の高い黄金色をした乳を出す牛をつくりたいというのがお望みだろうが、残念ながらガーンジー、ジャージー種の乳の乳脂率が高いということは、ホルスタイン種の乳脂率の中程度のものを圧倒して、娘牛の乳は乳脂率が濃くなるかというと、そういうことはこれまでの経験ではない。また、ホルスタイン種の乳量の多いということが、ガーンジー、ジャージー種の乳量の中間程度のものを圧倒して、娘牛は乳量が多くなるかというと、そういうこともない。

実際やってみると、皮肉なことには、ガーンジー、ジャージー種の乳量で、ホルスタイン種の乳脂率の娘牛がしばしばできる。雑種交配をただ1代だけやったので、長い世代かかって改良されたその品種特有の能力を、根本からてんぷくさせてしまう。その娘牛がホルスタイン種の乳量で、ガーンジー、ジャージー種の乳脂率の乳を出すものと仮定しても、1代雑種を交配してできた娘牛は、同じくそのような能力を持つものと保証できない。

また、1代雑種牛は普通の乳牛群には用いられない。結局、こういうことをするのは、1つの遊戯にすぎない。昔からの経験と今日の繁殖の知識では、品種間の雑交法は、乳牛改良法としてはおすすめできない。

この品種がよいと信じ、また愛好する品種を定めたときには、疑わず迷わず、一路全力を尽くしてその品種で改良していかなければならない。われわれブリーダーが用いるのに、よい牛を繁殖できたときには、また、われわれから買っていって繁殖する人たちにも、価値のあるものが生まれてくるものである。

4　再び品種間の雑交説について

「カウフィロソフィ」〈乳牛哲学〉の再版後、アメリカ合衆国農務省の研究農場での、牛種間雑交試験成績が雑誌に出て、乳牛界の注目のまとになった。農務省当局の１代雑種牛〈娘牛〉の泌乳能力と純系牛〈母牛〉の能力を比較して、娘牛がいかにも能力がよいという注釈をしたものだから、純系牛繁殖業者から怒濤（どとう）のような反撃を受けた。まことにさもあるべきことである。

試験に用いた母牛は、農務省の研究農場ベルツビルのような上等の環境もなく、また取扱いがよくないところの能力であるし、娘牛の検定成績は、とてもくらべものにならないよい条件のもとに得られた成績であるから、それに何の割引きもなく直接くらべるというのは正しくあるまい。よしまた１代雑種の成績がよくても、これから後2〜3〜4代と互いに交配したら、どんなものができるかわかったものでない。この幾世代もの成績がわかるまでは、酪農家に推奨することはできない。

この試験を政府当局者がやっているのはよいが、こともあろうに、この中間報告を雑誌で発表したのは遺憾である。この試験は泌乳能力の点についてでなく、雑種の活力ということにあるとしても、もう少し実験を続け、確証を得てからにしても遅くなかった。ベルツビル研究農場の各員が、数年間引き続いて、何世代も遺伝能力保証種雄牛を使用しての成績について説明しているのは、たいした業績である。

この試験では優秀な能力の乳牛をつくり上げた。保証付種雄牛の選定についての判断は立派なものである。農場員は国内を探し回って、保証付種雄牛をよく調べ、交配してできた娘牛にほとんど皆よい能力を遺伝するという確証を得たものだけを用いた。牛種間雑交の改良計画は続けて試験研究を行い、満足するまでやってみたらよい。それまでとやかくいいたくない。私は今日までの観察と経験で、牛種間の雑交をするよりも、同種内の牛だけで改良していった方が、よい牛ができると確信するものである。

5 種　雄　牛

生乳販売をやっている乳牛群でも、登録した純系牛群の牧場であろうと、改良繁殖という立場から見れば、雄牛群と雌牛群の２つに分けることができる。雄牛群は種雄牛であり、雌牛群は搾乳牛と若雌牛とからできている。ブリーダーや酪農家には、改良された系統――血筋を入れるには、主に種雄牛でやることが多い。

種雄牛は乳牛群の半分であるという。これは乳牛群が価値の半分であるという言葉である。もし種雄牛が悪ければ、繁殖という立場からいえばめちゃくちゃに改悪されてしまう。種雄牛の乳牛群全部に交配したら、次代の娘牛は父牛の影響が大きいから一層大切である。酪農家――ブリーダーも種雄牛に関心を持っている。体型・外貌が優良で、泌乳能力の大きい、儲けの多い乳牛群をつくろうとするものは、乳牛をよく知って、能力の優良組とよくない組と半々に分けて、優良組の雌牛を改良することのできる種雄牛を交配して、改良する以外によい方法はない。

乳牛群改良用の種雄牛については、これまでに述べた。また、選定した種雄牛の成功――失敗についても同じく述べた。今日用いられている種雄牛の半分以上は、乳牛群を改良できなかったかと思われる。また種々の指導機関でも、種雄牛選定方法をくわしく説いているが、今日までその効がない。実は指導にあたっている人々よりも当の酪農家は、種雄牛選定を誤ったために、困難なことがらが起こるから困るが、折角の忠告もまじめに聞き入れない。指導者のすすめに従い勇気を出して実行しなければならない。

先年のことであるが、随分長い間、純系登録種雄牛を用いるようにと指導が行われた。また、すべての指導機関も協力した。そのため普通の乳牛は迅速に改良された。一般乳牛の改良は純系の血統で改良されたもので、血統から見て、わけのわからない劣等能力の先祖によって改良されたものでない。純系種雄牛を種付けしたからこそ、今日の改良の進んだ雑種は、どこから見ても純系登録牛と区別ができない位まで、改良されたものがたくさんできた。

普通の雑種雌牛に純系種雄牛を交配すると、第１代目の娘牛は、驚くほど泌乳能力が向上するのが普通である。次にその娘牛にまた同じ品種の種雄牛を交配すると、能力の進むのは交配した種雄牛によるものである。こういう改良をするときに失敗することがあるのは、純系牛だというのみで、遺伝する能力を確かめないで交配するから、２回目の交配では第１回目の交配のように成功しないことがある。純系種雄牛のうちでも、遺伝能力の劣等なものがあるから注意しなければならない。

また、劣等能力でなくとも、交配する雌牛群よりも遺伝する能力が劣っていれば、その乳牛群の能力を退化させることになる。純系種雄牛を用いようということは、酪農家といわれる人達は皆賛成している。しかし残念にも、遺伝する能力が劣等な種雄牛を用いたものが多かった。純系種雄牛を用いよということは、これからも引き続いて指導しなければならないが、それ以上に遺伝する能力の優秀な種雄牛〈少なくとも乳牛群の優良組の乳牛の能力よりよい〉を用いよという、一層進んだ指導をしていかなければならない。

6　遺伝能力保証付種雄牛と遺伝能力未保証の若い種雄牛

近頃乳牛改良の指導中心は、娘牛の能力検定成績が、優良であることを保証された種雄牛を用いよということである。これはよい基礎的な指導である。これは指導の熱心なわりに、実際はそれほど広く行われていない。保証付種雄牛を用いよというのと反対に、また、遺伝能力の保証されない若い種雄牛を用いるものが多くなってきたように見受けられる。

ある指導者は保証付種雄牛は数が少なく、使用したくてもできない現状であるにもかかわらず、保証付種雄牛をほめすぎ、すすめすぎる。一方、若くてまだ遺伝する能力が保証されていない種雄牛を用いて、失敗したものがあったといって、その失敗を大げさに非難するものさえあった。また、保証付種雄牛についてわからせるには不十分な話や、確実でないことを話すものであるから、若い種雄牛はどれもこれもみないけないということになって、結果、わからないことができる。聞いている者には、しばしば、すべて若い種雄牛を用いることは、賭博をやるようなものであるから、使ってはいけないという印象を与えることになる。それはそうであるにしても〈私はそう思わない〉、保証付の老齢牛は使いたくても、数に限りがあるから、多くの酪農家は、自然若い種雄牛を使うことになる。

こういう事情であるから、若い種雄牛を選ぶことを考えないわけにはいかない。指導者は保証付種雄牛の推奨と同時に、若い種雄牛の選び方についても努力してもらいたい。今日保証されている老齢牛もみな同様に１度は若い時代もあった。また、ある乳牛群に使ってみたときの改良した度合が、血筋の違った他の乳牛群に用いてみて、同じ程度に改良する能力があるかどうかは疑わしい。一乳牛群にはよい成績をあげたという確かな証拠は、保証付とはなるが、第2乳牛群、また、その他の乳牛群での改良程度は、種雄牛と乳牛群との血縁関係が近くて、相合致するかどうかによるものである。

保証付種雄牛でも年齢、健康、生理状態また、ときには気分などによって、遺伝するものに相違があるようである。老齢牛には種付けが十分でないのが多い。また、種雄牛は6〜7歳にならなければ、娘牛に遺伝する能力をはっきり判断できるまでの娘牛の頭数にならないものが多い。それで、種雄牛の真価を知るには、よく飼養管理されているものでも、種付けに4〜5年使ってみなければいけない。

そうやってみて、娘牛の成績が満足できるようであれば、自分の牧場でそれを使うのが普通であるから、種付けに使える保証付種雄牛を手離すものはほとんどない。しかし能力検定が普及し、多くの酪農家が検定をやることになれば、保証付種雄牛は増えてくる。優良な能力を遺伝すると保証された種雄牛が見つかれば、全力をあげて扱いをよくし、種付け能力の許す限り種付けし、その遺伝をできるだけ広く利用すべきである。そして酪農家――ブリーダーのうち、優良な乳牛の揃っている乳牛群でも特に優良な乳牛に種付けすれば、血統関係がよければ、生まれる雄子牛は能力、体格、外貌とも、われわれの求める優良な種雄牛になるものと予想してたいてい間違いなかろう。

遺伝する能力の保証されている種雄牛の息牛と、本当に値打ちのある母牛から生まれた保証された血筋の種雄牛の息牛は、酪農家によい種雄牛として用いられるものである。このように能力の検定をやれば、利益を得られるものであるから、ぜひ普及しようではないか。保証付種雄牛の酪農家にもたらす福音を伝えようではないか。

遺伝能力は保証付ではあるが、齢すでに老牛になったものは、交換するにも、また買いたくても、そうやすやすとできるものでないことを、よく覚えておかなければならない。種雄牛の遺伝能力がよいと保証されたときには、息牛は買手に十分保証して割高に売ることができる。

なおまた、種雄牛を保証することの一大目的は、能力の低い種雄牛を淘汰し、種付けに使わないようにするとである。年とった種雄牛は、大乳牛群では長く使えるが、乳牛頭数の少ない小さい牧場では、そう使えない。しかも牛乳は必要なだけ生産しなければならない。種付けして分娩させなければならない。そうしないと大変な損になる。

ところが、若い元気はつらつな雄牛は8〜10歳、またはそれ以上の老齢牛よりも、確かに雌牛を受胎させることができる。また、老齢の種雄牛を買ったり交換したりすると、病気をよく持ち込むことがあるから、よほど注意して検診した後に使わなければ、とり返しのつかない失敗を招くことになる。立派な経験のある獣医師に検査してもらわなければいけない。

登録された純系乳牛の大牧場では、種畜を繁殖して売るのがおもな仕事であるから、年をとった老齢牛でも、保証付の種雄牛は大事にして、極力利用しなければならない。こういう大牧場では、保証付にならない若い種雄牛をいくらか使って、その遺伝する能力が知られるまで、試験的に用いなければならないことが起こる。2〜3年前、オーバーブルーク牧場で獣医師から注意を受けた。現在4頭の種雄牛を使っている。それぞれ10歳、9歳、7歳、3歳になっている。このうち老齢牛2〜3頭が、同時に受胎率が悪くなったらどうするかということであった。もっともなことだ。早速、農家で使用している若い種雄牛を買って準備しておく必要があった。

また、飼養管理に注意して、老齢牛の受胎率が悪くならないように努力した。しかし、獣医師のいう心配は起こりがちである。その後2〜3年、当牧場産の種雄牛のうち、優良と思われるもの数頭を選び試験的に種付けに使ってみることにした。そして最も成績のよいものを盛んに使って、老齢牛の代わりに用いるよう準備をしている。

7　若い種雄牛の選定法

〈マーク・H・キーニィの種雄牛哲学〉

普通の酪農家や小規模のブリーダーは、若い種雄牛をよそから買っているが、その娘牛群の泌乳能力はどうなるか、また、酪農経営によって得られる利益はどうなるかは、若い種雄牛を選ぶときの判断のよしあしによるものである。それには、その種雄牛の遺伝するものはどんなものか、交配する乳牛群の乳牛の泌乳能力と繁殖力からみて、その種雄牛を交配すればどんな娘牛と息牛が生まれるかと、判断する力によるものである。だから、交配する自分の繁殖雌牛をよく調べ、それから買おうとする種雄牛について考えるべきものであって、自分の乳牛の本当の値打ちもわからないのに、どんな種雄牛を買ってよいかわかるものではない。

乳牛群を改良する目標は、まず自分の乳牛群を優良組と劣等組の2組に分けて、優良組の乳牛を改良するだけの能力を、確かに持っている種雄牛を選び出さなければならない。種雄牛の遺伝する能力は、自分の乳牛群の優良組の乳牛よりも、はるかによい能力のものでなければならない。なおここで考えなければならないことは、交配しようと思う雌牛の、多くのものの系統の血筋と、同じ血筋の若い種雄牛を選んだ方がよいということである。

今まで多くの経験では、ホームステッド系の血筋の入ったホルスタイン種の種雄牛は、ホームステッド系と全然関係のない他の血筋の雌牛を交配したものよりも、ホームステッド系の血筋の乳牛群に交配して、よい成績を得ている。この改良繁殖の原理は、乳用牛のどの品種、どの系統にでも、あてはめてよいものであろうと思う。私は普通の酪農家をはじめ、酪農団体内にも、この改良繁殖法を採用することを望むものである。

これは、前にも述べたように、登録された純系の品種では、いずれも成功したものである。すなわち系統繁殖を行い、必要なときには近親繁殖をも敢行せよと叫ぶものである。自分の飼養している牛種中でも、よい系統のもので改良し、若い種雄牛を選ぶときには、その系統の中でも最良のものから生まれたものをとる、ということが最も大切な原則である。

しかし、今日実際に酪農家のやっている方法は、まるきり反対のことをやっている。多くの酪農家は、種雄牛を替えるときには、つぎつぎに異なった系統の、新しい血筋の種雄牛を入れなければならないものと思っているらしいが、いずくんぞ知らんや、こういう無茶をやるからこそ、随分改良に努力してきたにもかかわらず、常に行きつ戻りつして、著しく改良進歩しないのは、こういうことが一大原因をなしている。

しかし、たまにはこの方法でも好成績をあげることがある。血統から見た系統の雑交をしても、たまには当たることもある。ないとはいわない。しかしそれは1代雑種であって、著しい改良をなしたものである。しかし1代雑種はよかったが、これを何代も続けてやると、今までの改良を根こそぎひっくり返してしまう。あぶないことである。それならばどうしたらよいか。それは自分の乳牛群を改良した種雄牛と同じ系統のものを選び、その種雄牛の遺伝する能力は、前の種雄牛の持っていた遺伝能力よりも、勝るとも劣らないものを選ばなければならない。

特に優秀な雌牛を持っているときには、その息牛を腹違いの姉妹牛にかけてみるのもよく、また、ときにはよい種雄牛ならば、老齢牛であってもその娘牛の何頭かにかけて、生まれた雄牛を種雄牛にするのも一法である。系統繁殖を行い、ときには近親繁殖を行うことが酪農家に広く行われるようになれば、乳牛群の改良は非常な勢いで進むであろう。自分のところで生まれた、若くてまだ遺伝する能力の保証されない種雄牛でも、同じ系統の雌牛とかけ合わせれば、よい成績をあげる場合が多いものである。

遺伝の法則と繁殖の実際の経験からみて、この方法の間違っていないことを保証するものである。

乳牛を改良するには、その牛たちの系統の中に含まれている大切な血筋を尊重して、どこまでも種雄牛はその血筋のものを使わなければならない。登録された純系繁殖牛の将来について相談するために、先頃委員会が開かれた。

そのとき私は、乳牛は数年前にくらべてよくなったといったところが、ニューヨーク州から出てきていた、私よりも30歳以上も年長の老人が即座に、こういった。私の若いときには私の郡内にはよい牛がいっぱいいた。しかるに今日ではほとんどいなくなった。そこで私はすかさず、あなたのお若い頃には種雄牛はどういうふうにして選んだかと聞くと、とっさに、自分の乳牛群の中でもっともよい雌牛と思われる牛から生まれた息牛を用いた。それができなければ、隣りの牧場の最もよい雌牛の息牛を用いたものです、と答えた。

するとミネソタ州からきた有名なブリーダーも、私の州でも昔はそうでしたといった。30年前には、よい乳牛を繁殖している酪農家の大きな団体があって、その人々の種雄牛は、大体、すべて若種雄牛を用いていた。そして、これらの種雄牛は、多くはもっともよい母牛の息牛であった。そして、多くは隣り近所からわけてもらったから、同じ系統の雌牛か、血筋の密接に関係した母牛の息牛から選んだものであった。こうして彼等はよい乳牛をつくりあげたものである。

今日でも乳牛改良については、この点に学ばなければならないという教訓である。今日では、能力検定の成績を参考にし、また、進歩した繁殖学の教えに従ってやるとともに、古くから行われてきた改良方法をも兼ね行う必要がある。今まで述べてきた乳牛改良法をかいつまんでいえば、次のとおりである。

もっともよい雌牛にもっともよい雄牛をかけること。能力の悪い牛は淘汰して繁殖に使わないことである。そして、種雄牛は自分の乳牛の系統のものを用いる。同じ系統でもその系統に含まれている大切な血筋にどこまでもついていけ、ということになる。もしかして、系統外の種雄牛をかけなければならないときがきたら、よくその目的を考え、その交配が効果を表すまで、慎重にかけていかなければならない。

系統外の種雄牛をかけるときには、それが体型・外貌の改良であろうと、能力の改良であろうと、系統外の血筋の種雄牛の血を入れた目的を遂げたときには、すぐにまた元にかえって、元の血——系統の種雄牛をかけていって、どこまでもその系統——から離れないようにしていかなければならない。これは、なかなか長い期間かかるもので、忍耐と勇気がいる。この、ものにつかれたような努力をする人々こそ、乳牛改良に大きな貢献をする人である。

よりよい乳牛をつくり出すには近道はない。一生涯かかって、初めて成就するものである。多くの酪農家は、一定の見識もなく、一定の判断もないために、やれば誰でも必ず成功すると決まっている改良法をやらなかった。種雄牛を選ぶにも、1つの系統から他の系統というように移って、そのときどきの流行りの系統——それも本当に値打ちがあるというのではなく、そのときの宣伝に乗せられて——に飛びついたといった調子で、その母牛はどうかとよく注意もせず、買おうとする母方の祖先牛を十分に詮索もしないで買うものが多かった。

また、ある種雄牛を非常にしつこく勧誘している者がいるが、実は自分のところの孫息牛や孫娘牛を、値よく売りたいのが本心で、買った人のところの乳牛群を、改良しようがどうであろうが問題ではないのである。こんな馬鹿げたことが、よく純系牛のブリーダーにもあったので、不幸にもその宣伝に乗って、価値のない牛の息牛を買わされ、乳牛群に禍を被った酪農家もある。

もっとも広く広告しているブリーダーの乳牛群は、多くの場合、特別に価値のある種雄牛を使っているが、他の条件が同じとすれば、よく知れ渡っている種雄牛の息牛を使った方がよいと思う。広告すればもっともよい系統〈血筋〉のものが広まる効果は大きい。広告は繁殖業にも必要なことに違いない。しかし、わが乳牛群を改良するために種雄牛を買う者の身にとっては、現在人気があるといって、その魅力に引かされて、わが乳牛群改良のよい方針から離れてはならない。どこまでも自分の乳牛群の血筋——系統のものを選びそのうちもっともよい雌牛の息牛を使うようにしなければならない。

そこで私は、われわれのよりよい乳牛群では、あるときには近親繁殖になってもよいから、系統内に含まれている血筋の中で、もっともよい種雄牛をつかって身近かな交配を行うようにしなければ、能力のよい乳牛をつくり出すことはできないということを強調したい。アメリカ合衆国の酪農家には、近親繁殖ということを恐れているものが多いようであるが、実際にはさにあらず、もっともよい乳牛群を持っている者の中には近親繁殖を推奨し、実行して、その乳牛群は能力優良で、また体型・外貌も満足するようなものがある。

近親繁殖は、好ましい形質をますます濃くするし、また、好ましからざる形質をも濃くすることは確かである。しかし、近親繁殖を1～2回やったところで、これまで心配していたように活気が衰え、生活力が低下するということはない。むしろ血筋——系統の雑交によって被る損害の方がかえって大きいものである。近親繁殖すると、遺伝する形質が濃くなるが、雑交するとそれが薄れてくる。血統の雑交繁殖をやると、その2つの血統の性が合わなければ、両親牛が1頭としてはいずれもよい能力のものであっても、子牛の能力は悪いもののために引きさげられることになる場合が多い。

血統を雑交すると、遺伝する要素が数多くなり、好ましいと思うよい形質が薄くなる。いかなる場合も、雑交すると、遺伝させたいと思う形質が、近親繁殖——系統繁殖するよりも薄くなるものである。雌牛も、雄牛も、みな祖先牛から能力のよい牛が揃っていても、血筋——系統が性に合わないときには、父母牛1頭1頭の持っているよい能力を子牛に伝えることができないで、平凡な能力の牛ができるということになる。血筋の近い牛を交配するときに、成功する機会が多いということになる。

今日では遺伝する要素といってもまだ純系のものはなく、よいものも悪いものも混じっているから、種雄牛を選ぶときには、その系統に含まれている血筋というものと、自分の乳牛群の血筋とを併せて考えてよく性の合うようなものをとるようにしたいものである。さて、こういう考えに立ち、自分の乳牛群の能力の検定成績によって、将来はこれ位の能力まで改良しようと思う目標を立てた場合に、まず第一に、理想的なよい種雄牛を手に入れなければならない。理想的なものが得られなければ、たいていのことはがまんしなければならない場合もあろう。しかし、けっしてがまんしてはならないことは、自分の乳牛群の血筋——血統外の種雄牛を選ぶことである。

8　理想の種雄牛

理想の種雄牛ということを考えるときに、まず第一に考えなければならないことは、その母牛が本当に優れた、すばらしくよい牛であるかどうかということである。それなら、どんなのがよい牛かといえば、1.泌乳能力が飛びぬけてよい。2.祖先牛の遺伝した能力が飛びぬけてよい。3.娘牛に遺伝した能力がすばらしくよくて、どの乳牛群にいても、また、他の乳牛群の中でただ1頭いても、娘牛の能力がよいという3つの条件にかなう牛である。

そんな立派な牛がたくさんいるものではない。ごくまれである。多くの雌牛は種雄牛の母牛として立派であり、また価値のあるものであっても、どこか満足のできない欠点が1つ2つはあるものであるから、1から3までの条件を全部備えることはむずかしい。そこで母牛を選ぶときには、正しい、おだやかな判断が必要になってくる。理想の母牛という条件にかなう十分な証拠は幾分得られなくても、ときにはがまんもしなければならないだろうが、理想の母牛であるということは一歩も譲れない。

ここにいう理想というのは、母牛そのものが、乳牛としての値打ちからみてすばらしい牛であり、その祖先牛も、乳牛としてすばらしい牛であるということである。祖先の牛が、揃いも揃って、みなすばらしい牛であってこそ、母牛に表れてきたすばらしい能力が、また子牛たちに遺伝するものと期待することができるからである。

古い諺（ことわざ）に「立派な子供を持ちたいと思ったら、家族の中で1人だけしかいない立派な娘と結婚したのでは目的を達しえない。立派な娘ばかりの家族の中から選んだら間違いない」とある。この場合も、われわれの求める種雄牛の母牛は、非常によい乳牛の系統の中でもっともよい牛であり、母牛のみならず、祖母牛、曾祖母牛もすばらしくよい牛であり、また、母牛の同母姉妹牛と、同父姉妹牛もすばらしくよい牛でありたいものである。

こういうように、血統書について、生産能力と繁殖能力をよく調べて、よいことが確かめられたときには、母牛そのものの個体について、体型・外貌が満足なものであり、またその母牛、姉妹牛の個体についてよく調べなければならない。よい雌牛の多い乳牛群から母牛を選び出すのもよいが、まずはとにかく、自分の乳牛群の系統の牛から、もっとも好ましい母牛を選び出したいものである。

A　母牛の選び方

母牛を一目見た瞬間に、ああすばらしい乳牛だな、と感じるような牛でなければならない。綿密な検査をして、乳牛らしい体型をしており、品種の特徴をすべて備えていて、大きな体をしており、物食いのよい牛であり、体の構造〈つくり〉が丈夫で、心臓と肺臓が大きくて、丈夫な格好をしていなければならない。また、乳房の形がよく、体によくつき、その質がよく、乳静脈の発達のよいものであり体は楔形をしていなければならない。私は、母牛の能力がよいといっても、体に表れている特徴のよくない牛はとらない。立派な能力が体に明らかに表れていなくて、どうして息牛、娘牛にそれが望めるだろうか。けっしてこの点は譲らない。

血統書の記事の面に、どんなによいことがはっきり書いてあっても、母牛そのものに立派だという証拠がなければ、求めようとする種雄牛の母牛としての資格がない。また、それと反対に、母牛の能力がすばらしくよいものであり、体型・外貌もまた完全なものであれば、ある場合はそれ以上調べなくても立派な母牛のこともある。しかし本当に立派な価値のある種雄牛で、能力の低い母牛から生まれたものを私は知らない。

たくさんの中だから、偉大な素質を持ちながら、十分に発育する機会を失ったとか、あるいはその他の理由で、本当の値打ちを認められない母牛もあろう。

世界一といわれる種雄牛の息牛を手に入れることもできようが、それでも母牛が価値のないぼんくら牛であれば、乳牛群を改良することができるかどうか、あまり期待することはできない。有名な種雄牛だからといって、十分に調査しておかなかったために失敗したものも少なくない。種雄牛の母牛の血筋が、改良しようと思う自分の乳牛群の主なる血筋であることは、ぜひ考えなければならない。そうかといって、血筋——系統といって、体型・外貌と能力については、まあよかろうという考えを起こしてはいけない。

種雄牛の母牛や娘牛、また先祖牛の能力成績を調べるにも飼養、管理、取扱いをどういうようにして得られた成績かということをよく調べて、その牛を自分の乳牛群の状態に持ってきて搾ってみたら、どれくらいの能力になるだろうかをよく判断し、換算して、自分の牧場に持ってきてやってみるとして、その能力が満足すべきものだという確信を得ることが大切である。ただ購入元の乳牛群で、いくらの能力を出しているからといって、飛びついてはいけない。

B　父牛の選び方

買おうとする理想的な種雄牛の母牛が、本当にすばらしいよい牛であることがわかれば、その次には、父牛を批評するつもりで徹底的に調べなければならない。そのもっとも重きを置く点は、保証付の遺伝能力と形質は、どういうものかということである。できることなら、もっともよい遺伝能力を保証された種雄牛の息牛を選びたいのはやまやまであるが、いつもそう都合のよいことばかりは望めない。

それができなければ、父牛が若くて、どんな娘牛が生まれるかわからないときには、遺伝する体型・外貌と、乳牛としての素質と能力は、いずれも優良なりと保証されている系統の牛であるかどうかを調べなければならない。つまらない系統から出た雌牛で、とてもよい牛がときどきあるように、つまらない父牛の系統から、たまに非常によい種雄牛が出ることがあるから、それを避けるために、保証された系統から出たものの中から選ぶことを忘れてはいけない。

父牛は若くて、遺伝する能力がまだわからなくても、能力も保証され、遺伝する形質も確実な血筋—系統のものであれば、調査のまず第一歩には合格ということになる。また父牛が相当年とっていて、娘牛の能力もわかり、息牛もすでに種付けに使っているときには、ますます調査に好都合でわかりやすい。父牛の娘牛は揃って能力がよく、また乳牛として大切な点から見て体型・外貌とも満足すべき牛でなければならない。その上父牛の息牛は、揃って娘牛のように立派なものであれば、父牛としてこの上もないよい牛である。

C　買おうと思う種雄牛

前２項のとおり、買おうと思う種雄牛の両親牛に、理想的な牛を見つけ出したら、今度は買おうと思う種雄牛について調べなければならない。この調べは、むしろ個体の審査といった形のもので、おもに体型・外貌と、品種としての特徴を備えているかどうかを十分に調べなければならない。

第１に、雄牛らしい特性を十分に持っているかを調べる。第２には精気発らつで、神経が太く、どっしりしていて、威圧的な姿をしていなければならない。第３に種雄牛たる貫録があり、種雄牛らしい重みと睨みを効かしていなければならない。その上品種の特徴を備えていなければならない。しかし、共進会のチャンピオン牛のように立派でなくても、がまんしてよい。

がまんするといっても 1.からだの構造〈つくり〉が立派で、心肺が丈夫であり、幅があり、特に前肋がよく張って深みがあり、胸に幅と深さと底が広いこと。2.体が大きくかさがあり、体がよく伸びて長く、幅があり、肋が張って胸囲が大きく、胴が長くて大きく物食いがよいこと。3.乳用牛の種雄牛らしく、気質は温順で、狂暴であってはならない。

種雄牛の体型・外貌はかくあるべしというのと、その娘牛の体型・外貌が能力と関係があるといっても、種雄牛の体はどこまでも男性的であり、娘牛はどこまでも淑女のようなやさ型であるというのだから、その間に相反したものがあり、この点論争の問題になる。どちらかといえば、むしろ体型・外貌の平凡な種雄牛から、とても体型・外貌の立派な娘牛ができることがあり、また、共進会で優秀な成績を得た共進会用種雄牛の娘牛は、案外好ましくない体型・外貌をしていて、能力もさほどでないものもある。だから、繁殖能力が十分あるという証拠があれば、種雄牛の体型と外貌の点では、それほど厳格にしなくてもよいのではないかと思われる。若い種雄牛で標準型に合っていれば、まあそれでよい。血筋——系統から見て、関係している若い種雄牛を使って、娘牛が母牛よりもよければ、成功したというべきであろう。選定の条件にかなった種雄牛でも、全部が全部、特に優れた父牛になるとは限らない。そんなよい父牛はまれであり、また、あらかじめこの若い種雄牛が、超特優の種雄牛であると断言することはできるものではない。

しかし種雄牛はかくありたしという、前に述べた条件に近づくように努力しているうちに、これらのほんの初歩の必要条件を考えずに選ぶよりも、確実によいものを選ぶことのできることが多いものである。オーバーブルーク牧場が、今日能力のよい牛を揃えることができたのは、種雄牛のおかげであり、しかもその種雄牛の多くのものは、ほとんど若いうちに選んだ種雄牛の力によって、今日の好成績を得たものである。そしてこれらの種雄牛のうち、もっともよいものは、本当に老齢牛になるまで種付けに使った。

これらの牛は、種付けしないうちに他の牧場から買ってきたものである。また、自場産のものを、若いうちから種付けに使っているものもある。これらの成功はいくらか幸いであり、まぐれ当たりということもあろうが、私たちとしては、選ぶときには万全を尽くし、調査を十分して正しい判断をしたからこそ、今日の成績を得られたものと思っている。私たちは種雄牛については絶えず考え、常にこれと思う若い種雄牛は、自分のところは勿論、他の牧場のものも手の届く限り調査をしているから、それが種雄牛の選定の判断のもととなっている。

D　種雄牛の購買

種畜繁殖のブリーダーになって成功しようと思う人とか、純系登録牛のブリーダーになろうとする人々には、前に述べた、理想的な種雄牛を選ぶ条件を守らないようでは、成功するものでない。しかし、そんな立派な種雄牛は、現在ではそうたくさんいるものではないから、多少の割引をすることは、普通の酪農家としてはやむを得ない場合もあろう。しかし、どのへんまでがまんするかが問題である。今使いたいからといって、お尻に火がついたようになって探すのではなく、ふだんから気をつけて探しておくようにしなければならない。種雄牛問題はいつも考えていなければならない。

多くの酪農家は、今必要だからといって急に探す。待てしばしもない。そこに無理がある。売ってくれといわれるブリーダーも困る。普通のブリーダーでも、種付けができる年齢の種雄牛をたくさん手持ちしていて、客を待っているということはまず少ない。よい種雄牛は、種付けできる年になる前に買われていく。すぐ使える種雄牛はごく少なく、したがって選ぶ範囲がせまくなる。だから種雄牛を選ぶには、種付けにすぐ使えなくても準備のために買っておくようにしたいものである。子牛のうちに選んで、自分の手で育成する。子牛のうちに選ぶのなら、頭数も多いから選ぶのに都合もよく、2歳牛よりも値段が安い。だから割安の牛を手に入れることができる。

牛の代価というものは誰にも大切であるが、普通の人は、牛のことよりも値段のことを考えて、いくらの種雄牛をほしいといっている人がある。選定の条件にかなえば、いくらか予定よりも高くても買った方がかえって安いことになり、いくら牛といっても、選定の条件にてらして不十分であれば、かえって割高になるということが多いから注意した方がよい。一番大切なことは、正しいよい種雄牛であるということであって、代価のことは二の次である。

種雄牛を買うことは投資することであって、使ってなくなるものとは違う。種雄牛の代価に対する利子は乳牛群の改良であるから、種雄牛がよくて乳牛の改良に都合がよく、よい子牛が生まれたらたいした儲けになる。だから高価な種雄牛がかえって安くなることがしばしばある。しかし、買手にも売手にも頃合の値段というものはあるものである。ときたま、本当の値打ちにくらべて高すぎることと、また法外に安いこともあろう。しかし、よい種雄牛は大体高い。本当によい種雄牛には大概高すぎるということはないようである。種雄牛を選ぶときには、値段のことを念頭におかず、本当によいものを選ぶようにしたいものである。

まず適当な牛をより出してから、適当な値段をつけるようにしたいものだ。種雄牛第1、値段第2である。とにかく若い牛は買いやすいし、また割合に安い。われわれの支払う金が多ければ、種雄牛がよいという保証としても役立つものである。まさかの場合の用意として、種雄牛を買おうとしてあちらこちら探したが、適当なものがないというときには一体どうしたらよいか。そのときはやむを得ないから、自分のところの乳牛群と、隣近所を始め、自分の郡内の乳牛群をもう一度よく調べてみる。自分の乳牛群に本当にこれならよいという上等の乳牛がなければ、お隣りの乳牛群の、もっともよい登録牛の息牛を買うのも、1つの賭けではあるが、もっともよい賭けである。

勿論その乳牛群の種雄牛は、遺伝する能力も保証されており、その系統も、遺伝する能力がよいと保証されたものでなければならない。隣近所や同じ郡内の牛なら、乳牛群を見てよく覚えているから郵便で交渉もできる。隣りの人が信用ある酪農家か、またブリーダーであるなら、どうして種雄牛が必要か、どんな種雄牛が必要かもよくわかっているから、万事都合がよい。もし、自分に、隣人から種雄牛を売らないかと交渉があれば、大変責任を感じる。また、種雄牛問題を解決するために努力を惜しまず、もっともよい種雄牛を探してやるべきである。

古い酪農団体の中には、純系乳牛群も多いだろうし、またそれが自分の郡内、隣りの郡内にもあろう。団体または地域内の酪農家であれば、万事都合よいことになる。酪農を始めてまだ新しい人は、品種の機関雑誌の広告欄にある信用あるブリーダーに、事情を話して頼んだ方が都合がよい。それから後も種雄牛の心配をしてもらえば、血統の同じものを買えるから、一層改良を進めるのによい。われわれが純系牛を繁殖し、それを売っているものとすれば、自分の乳牛群のみならず、自分のところから買っていった方々に、非常に責任を感じるから、いい加減なことはできるものではない。最善の努力を惜しまない。他のブリーダーもそうだろうと思う。

われわれの種雄牛問題は、雑種乳牛群の酪農家よりも一層重大である。純系牛ブリーダーは、種雄牛問題を常に脳裡から離さずに考えていなければならない。他の乳牛群と協力し、融通しあってこそ、改良ができる。自分のところに優秀な能力のもので、また母牛としてよい乳牛が数頭おり、現在使っている種雄牛が満足すべきよい牛であれば、同じ系統内の血筋の近いものに交配していけば、自分の種雄牛が一層改良できるものである。

しかし、自分のところで欲しいような種雄牛ができるよい母牛がいないときには、現在使っている種雄牛よりもよい種雄牛を買い入れてやった方がよい。しかし、それでも望むような種雄牛が手に入らないときは、自分の乳牛群の中からもっともよい乳牛を1～2頭選んで、他のブリーダーの同じ系統の種雄牛の、もっともよいものに種付けして雄子牛を得、自分のところの種雄牛に育てる方が安全である。財政豊かな大きなブリーダーの中には、飛びぬけてよい繁殖牛を買って、もっともよい種雄牛に種付けし、非常によい種雄牛をつくろうとしている人もある。

種雄牛問題は一般酪農家にも、ブリーダーにも、特殊事情があるから選び方も一律にというわけにはいかない。ここでは一般基礎条件を述べ尽くしたから、これ以上は、自分の乳牛群や地方の事情によって考えてもらいたい。能力検定事業が普及していないアメリカの今日の事情では、種雄牛の選定も、一般酪農家にはまだ満足にいかないうらみがある。能力検定成績が十分に得られないうちは、品種を改良し成功したブリーダーの経験を尊んで、その人々の判断についていかなければならない。

どんな改良方式や遺伝指数も、完全な、信頼できる能力成績が完備しなければ役に立たない。一度、十分な能力検定成績が備われば信頼できる遺伝指数がわかるからよいが、それまでは、ここに述べた事柄は遺伝指数がなくても立派な指導となり得るものである。

9 人 工 授 精

若い種雄牛を選ぶときに、その調べのもととして、乳牛の能力検定成績が、今よりももっともっと必要であり、その普及がまず大切だといった。現在繁殖に使っている種雄牛で、非常によく、これ以上のものはないだろうというもっともよい種雄牛でも、祖先牛についての調べがどうも不十分である。今日の状態では、なんとも断定することができないものがある。

ときたま、途方もない超特優な種雄牛が出てきて、かける雌牛はほとんど全部、その能力が圧倒的に遺伝して、その娘牛は全部母牛よりも能力がずばぬけてよくなり、息牛もまた、みなよい能力を遺伝するものが出てくることがある。その種雄牛は、値をつけようもない宝牛である。できるだけ広く、長く使わなければならない。こういう種雄牛の利用法については、政府の援助と監督のもとに、この血統の使用と保存に万全を期したい。

これには人工授精によって、広く利用することを望むものである。

それには人がいる。技術の訓練がいる。実験室の設備と、精液の取扱いと保存に設備が必要である。それには政府が乗り出してやらなければならない。実はこの方法について、すでに政府で幾分手をつけて、ニュージャージー州立大学の協力を得て、非常に進んでいるところもある。また乳牛群改良組合を組織しているところを援助―監督しており、また牛種協会では、協会員の乳牛群改良検定事業を援助しているところもある。

また検定成績について広く調べ、乳牛群の中でどこにもっとも優れた精子がいるかを見いだすために、非常に努力している。発見すれば、次にはこれを広める方法と、その種雄牛のよい血統をいよいよ広く利用する方法を考えることである。しかし、どんな貴重な精子も、私がいったことを実行しなければ実用価値が少ない。実行することになれば、先人の成功したと同じに、血統からみた雑交をしないような人にやってもらわなければならない。そして、乳牛改良繁殖の原則をよく守り、自然な交配で最も成功したブリーダーがやった方法と同じ方法をやる人に、指揮権を執ってもらわなければならない。

今述べた方法を実行する前に、実際に成功しているブリーダーに、できるだけ広い範囲から集ってもらって、超特優な種雄牛の人工授精について相談したいものである。全部の意見をまとめることはできなくても、必ずよい方法が出てくるだろう。一部の人々の相談よりも数段よい案が出ると思う。私は、その時期はすでに来ていると見ている。政府はこの事業に、これまでよりも一層の奉仕をしてもらいたい。そうすれば、これまでになかったような乳牛群の改良ができると思う。人工授精の共同施策についての私の意見は、政府が優良精子研究をやったときに、オーバーブルーク農場にやってきた専門家にすでに述べておいたものである。

政府当局は、専門家をオーバーブルーク農場に送って、数日間、牧場の公定の検定試験表について調べた。そのときに得た成績で、どういうような計画をするかということは、いわれなかった。しかし私が前にいったような大計画を実行することが必要だと、そのときつくづく考えた。

ニュージャージー州では、私の意見がもとでできたとはいわないが、今日よくやっている人工授精協同組合がある。この場合は、みなデンマークの成功しているやり方を見習ってやったものである。その後援者は、州立大学であり、郡の酪農改良技術員が協力して酪農家を指導してやっている。同大学のエノス・J・ペリー教授は人工授精の立役者であり、また大変に信用もある。これらの組合は盛んに活動している。この組合の組織—管理方法などのくわしいことは、ニュージャージー州ニューブランズウィックのエノス・J・ペリー教授に照会すればわかる。

この組合員は、多くはホルスタインのブリーダーであるが、また雑種牛の酪農家も入っている。またもっとも優れた乳牛群を持っている人も多く入っている。組合の後ろにいて働いて、組合を成功させている功労者は、ニュージャージー州農事試験場のJ・W・バートレット博士である。現在人工授精に使っている種雄牛の多くは、同氏が手ずからつくった牛である。そして組合の改良方針は私の意見と同じである。

今ではエセックス州内では、人工授精熱が高まっている。しかし、注意してもらいたい。急いでも、必ずゆっくりやれ。新しいことには熱心なあまり、よい判断ができないことがある。人工授精組合は酪農家の祈りの結果できたものである。しかし、有能な人達に導かれてこそ成功する。われわれ個人の乳牛群で成功した改良原則を行う限り、成功疑いなしである。今の指導者達といえども、超特優〈エクセレント〉の種畜を生産してくれた「乳牛つくり」の名人達の代わりは務まりかねる。

10　再び人工授精について〈1948年〉

ニュージャージー州に人工授精協同組合ができてから10年にもならないが、今では州立大学の酪農拡張事業の、主な仕事になってしまった。人工授精の本当の値打ちは、ニュージャージー州の協同組合の成績ではっきり明らかになった。人工授精が、今までの乳牛改良事業で、一番効果があることがわかってきた。人工授精であれば、今までよりも一般酪農家によい種雄牛の種付けが広くできるからである。

この組合の将来の発展は、責任者の先見の明と、判断よろしきによるものである。人工授精組合の責任者は、改良に功績のあった先人の、よいといった選び方と、交配の仕方に従わなければならない。組合員の乳牛頭数は、すでに数千頭に達している。成績がよいにつけ、悪しきにつけ、幹部の責任は重大である。また大学の教授達は、有名なブリーダーのように立派な牛をつくることができるかどうかという、興味ある問題も起こってくる。よい種畜をつくる牧場の必要なことは、昔も今も変わりはない。必要である。将来もまた必要であろう。

人工授精事業が発達するにつれて、保証付きの立派な、特に有望な種雄牛の需要を増してくる。それと反対に、遺伝する能力の保証されていない、若い種雄牛の売れ行きは減る。また、純系雌牛の需要は、人工授精事業が発達するにつれて増してくるものと思われる。

11　父牛の娘牛に遺伝する泌乳能力の指数

種雄牛の選び方と種雄牛の利用法について、長々と意見を述べてきたが、種雄牛の遺伝する泌乳能力は、どれ位のものがよいとして保証されるか、ただよいとだけではわからないという疑問が起こることであろう。大体、われわれの乳牛群の優良組の乳牛の平均能力を、改良することのできる種雄牛は、まず満足すべき種雄牛であろう。われわれの乳牛群では、優良組の娘牛を母牛の世継ぎにしている。ある種雄牛は、ある乳牛群に使ってよかったとしても、もっと能力のよい乳牛群には間に合わず、改良のできないものもあろう。そこで種雄牛の遺伝する能力を示すために、遺伝の指数というものが考え出された。

それを簡単にいえば、両親牛の娘牛に遺伝する乳量と乳脂率〈乳脂量〉は、父母の能力が半々に伝わると仮定し計算された数字である。もっとも、母牛も娘牛も、検定した能力を成牛の能力に換算してくらべる。例えば母牛、娘牛15頭ずつをくらべるとき、娘牛の能力を成牛能力に換算して、平均乳量12,000ポンド（5,400kg）、乳脂量480ポンド（216kg）であり、母牛の成牛能力に換算したものが、平均乳量11,000ポンド（4,950kg）、乳脂量440ポンド（198kg）とすると、父牛は母牛の能力を、乳量では1,000ポンド（450kg）、乳脂量では40ポンド（18kg）引き上げたことになる。

そこでこの計算では、父牛の娘牛に遺伝する能力は、乳量13,000ポンド（5,850kg）、乳脂量520ポンド（234kg）である。第2例は娘牛の乳量が11,000ポンド（4,950kg）、乳脂量440ポンド（198kg）で、母牛より乳量で1,000ポンド（450kg）、乳脂量で40ポンド（18kg）減ったとすると、第2の父牛の娘牛に遺伝する能力は、乳量10,000ポンド（4,500kg）、乳脂量400ポンド（180kg）である。この2つの場合、母牛、娘牛の飼養と取扱いなど、すべて同じであるとすれば、第1例の父牛は第2例の父牛よりよいということになる。

しかし、第2例の父牛は、母牛の能力が乳脂量400ポンド（180kg）以上の場合は、改良できないが、母牛の乳脂量300ポンド

（135kg）の場合は、改良することができる。理屈からいえば、娘牛は乳脂量 350 ポンド（157.5kg）となり、一度に 50 ポンド（22.5kg）増すことになる。第1例の父牛ならば、娘牛の乳脂量は 410 ポンド（184.5kg）となり、母牛よりも 110 ポンド（49.5kg）多くなる。このように、計算では娘牛の能力を増したり減じたりできる。しかし実際に繁殖してみると机上の計算のようにはできない。

そこで注意すべきは、種雄牛の遺伝指数というものは、その指数を計算した乳牛群と同じ条件のところでは、計算どおりいくが、他の乳牛群に持っていって、そのまま通用はできないということである。種雄牛の遺伝指数というものは、使用の範囲がごくせまいものである。2～3の種雄牛の遺伝する能力をくらべるときも、おのおの違った乳牛群での計算であるから、すぐにそれをくらべると間違いが起こりがちである。

遺伝指数はあらゆる周囲の状況で変わるものであるから、その条件をよく調べて、遺伝指数を変えなければならない。また、父牛の遺伝する能力を示すもととなる母牛の能力を、丸黒点を基点とし、娘牛の能力は矢印の矢の先端で表すこととする。娘牛の能力が、母牛よりも増したときには、母牛の基点より上の方へ能力だけ伸ばし、→（矢印）で表し、母牛の能力より減った娘牛は、その基点より下の方へ矢印で表すことにすると、娘牛5頭もあれば、特別に選んだものでなければ、娘牛がみな、母牛よりも上の方に矢印があれば指数を見るよりも簡単に、乳牛群を改良する価値があるとすぐにわかる。

もし娘牛の能力が、母牛の能力よりも劣っているものが多ければ、15 頭にならないときでも種付けすることをやめ、早速屠殺した方がよい。能力をよくしない種雄牛を生かしておくほど、乳牛群でみじめなことはない。おけばおくほど害が多い。

12 再び種雄牛の能力遺伝指数とその比較〈1948年〉

種雄牛の能力遺伝指数について、論争が甚だしくなったために、アメリカ・ホルスタイン・フリージアン協会では、これを公式には使用しないことにした。惜しいことをした。私は大変に失望している。しかし協会がやめたのもやむを得まい。遺伝指数について、あまりにもいろいろな解釈がされるので、仕方がないだろう。しかし遺伝指数は、用いようではけっして悪くはない。原理は正しいからうまく用いればよい。オーバーブルーク牧場では、種雄牛の能力遺伝指数を使い、大変よい成績を得ているから、将来も使って改良の目途にしようと思っている。

高等登録牛の検定成績は、大変水増しした成績であり、強調されたものが多く、大変好条件のもとに、できる限りよい飼い方をして得た成績であることは、よく耳にするし、また私もこれについての意見はすでに述べておいたとおりである。今日、高等登録牛の成績が異常によいという非難は、比較的頭数の少ない乳牛群についていわれている。私の知っているところでは、酪農家でブリーダーを兼ねている小ブリーダーのところで行われているものがある。

自分で給餌し、世話し、搾乳して、よそでやっているもっともよい方法を見習って、できるだけよい条件のもとで検定を受けるから、とてつもないよい検定成績が飛び出してくるということを、よく見ている。そんなことは、ブリーダーぶっている大牧場ではかつてはやったかも知れないが、今は小さいブリーダーも、そういう飼養と最上の条件のもとで検定を受けている。大ブリーダーのみが、環境をよくして検定を受けているのではない。かえって小さい兼業ブリーダーがやろうと思えば、もっともよい状況で検定を受けられる。実は乳牛の頭数の多い大ブリーダーでは、小ブリーダーよりも、いろいろの点でハンディキャップがある。

小ブリーダーは、自分が優秀な技術者であり、また、雇人もたいてい1人位であり、指導もよくいき届いている。しかし大牧場では、どこでも働き手が揃っていない。とても、よい小ブリーダーとはくらべものにならない。大牧場では、優秀な牧夫は2〜3人位いればせいぜいで、小ブリーダーにくらべて、乳牛についての興味もなく、乳牛を扱う能力も劣っている。要するに人的要素がくらべものにならない。これが検定成績に及ぼす影響はどんなものであるか、数字で表すことはできないが、確かにその間に違いがあるのを認めないわけにはいかない。

アメリカ・ホルスタイン・フリージアン協会では、種雄牛の能力遺伝指数を使わないようになってから、搾乳期間305日間、1日2回搾りの検定成績で、乳脂率と乳脂量〈成牛能力換算〉をくらべて、娘牛の能力が母牛の能力より勝っているものをプラス、劣っているものをマイナスで表すことにした。この種雄牛はプラス種雄牛、またはマイナス種雄牛というように、よしあしを区別することにした。多くの人々にはそれでよいであろうが、ただプラス、マイナス位の表し方では物足りないところがある。

ブリーダーの最大の間違いは、10ヵ月〈305日〉1日2回搾りの検定成績があてにならないことであり、これは現在用いられている公式の指数が原因である。1日1〜2〜3〜4回搾りの、高等登録の検定成績の換算の仕方から起こってくる。この検定成績を、乳牛群検定成績にあてはめるのは正しくない。1日2回搾りの成績を3回搾りに換算するには、1.25をかけることになっているが、そうすると2回搾りの成績は水増しになり、3回搾りの成績にしたものは、実際より減ることになる。これが公定の乳牛検定成績であれば、1.15をかけることになる。そうすれば間違いはない。いずれにせよ、どの定数をかければよいか、公式のものを発表すべきである。

今までの高等登録の検定成績では、母牛、娘牛の能力をくらべようとして、正しいものが出てこない。これからは、全頭乳牛群検定をして、ふだんの能力を検定するようにしなければならない。高等登録の検定結果は、優良牛のみを選び出して特別飼いをしての結果であるから、その成績は正しい比較ができない場合が多い。

13　遺伝する能力の証明された種雄牛

第11節の第1例の父牛〈遺伝指数乳量13,000ポンド（5,850kg）、乳脂量520ポンド（234kg）〉の娘牛の検定成績は、普通の酪農家の飼い方で得たものであれば、どこへ持っていっても種雄牛と同じ血統の乳牛群であれば、まず上等の種雄牛で、どの乳牛群でも改良することができるとみてよいだろう。そしてこの第1例の父牛の娘牛は、みな揃って母牛より能力がよくなっている証拠があれば、血統の雑交している乳牛群でも、多分能力をよくすることができよう。この種雄牛は、大変よい能力の乳牛群でさえ改良することができるよい種雄牛だと、折紙がつけられた。

こういう立派なよい種雄牛が発見されたとき、その牛が生きていて、元気で種付けがうまくでき、とまりがよく、しかも娘牛の体型・外貌は満足なもので、乳房もまたよければ最上の種雄牛であるから、買えるなら買っておきたいものである。しかし残念なことに立派な種雄牛ということがわかる時には、すでに死んで現存しない。たとえ生きていても、なかなか買えないのが普通である。とにかく、飛びぬけてよい種雄牛だと保証されるものなどは、数が少ない今日、多くの酪農家にはおはちが回らない。

そこで酪農家の多くの人が、よいと思う若い種雄牛を選んで使うことになれば、そのときこそ、酪農家は種雄牛を若いうちから使っているから、健康にしておけるし、また、乳牛群全頭の検定していれば、その種雄牛の価値を、娘牛の能力によって早くはっきり知ることができるから、種雄牛の遺伝能力の明らかなものが多くなり、保証付の種雄牛も交換ができ、また買うこともできる便利な世の中になり、今日のように信頼できる種雄牛の極度の不足はなくなる。

そうなるまでの間は、若い種雄牛を選ぶには、できるだけくわしく、正しい証拠のある生産能力と繁殖能力を、普通農家の状態に置き換えて計算した能力で見直し、また、父母牛—祖父母牛——曽祖父母牛の子牛——孫牛——曽孫牛たちが、みな揃ってよい体型・外貌であり、能力もよいということを確めなければならないが、このときも忘れてはならないことは血統関係である。

ブリーダーでも酪農家でも、自分の乳牛群のところで特によい血筋の牛をつくり上げている人は、新たに買入れようとする種雄牛も、その血筋のものを選ばなければならない。またこの場合、よいと思う保証付の系統のものにどこまでもくっついて、その系統のもっともよいものを選ばなければならない。こういう方法以外、若い種雄牛を使って乳牛群を改良していく道はない。とにかく私のいった方法でやれば、失敗は少なく、成功の確率が高いことはうけあいである。

14　若い種雄牛を買って成功した例

種雄牛を選び出すことについて思う存分述べた。そんなことが実際にどうしたらできるかとたずねる人があるかもしれない。それはもっともだ。私が母牛の胎内にあるうちに予約して買っておいたものが、幸いにも雄牛であって、それが有名な種雄牛でベル・フアーム・スゾーンとなったことについてお話しよう。

第一にいわなければならないことは、私はいつも種雄牛のことについて心配して、十分に注意していたということである。オーバーブルーク牧場は1923年4月創立したことは前にも述べたとおりであるが、そのとき、本当に幸いなことには、有名なキング・スウイートという名牛が授かった。

このキング・スウイートを手に入れたとき、すぐにスウイートの血統に含まれている血筋のもので、これならよいという種雄牛を探し始めた。あらゆる機会を利用して、世間でよいという種雄牛をできるだけ多く実地に見、また調べたが、なかなか満足するものは買えなかった。それが3年後の1926年の秋になってようやくよい種雄牛が手に入りそうになった。1926年秋、ミシガン州デトロイト市に開かれたナショナル・デーリィ・ショウ〈共進会〉で、西バージニア大学のH・O・ヘンダーソン博士と連れ立って出品牛舎を見て回ったとき、私はひとめ見て、ああ立派な牛だと満足した1頭の雌牛にぶつかった。

その名札を見ると、ベル・フアーム・スーシーとある。すぐに私はコランサ系の有名なホワイト・スーシーのことを思い出した〈本名スーシー・アベカーク・コランサ、532206〉。ことによるとホワイト・スーシーの娘牛かもしれないと思って付添人に聞いてみると私の夢にえがいていたような立派なこの牛は、まさしくホワイト・スーシーの娘牛であった。ああそうか、立派な筈だと。そこで、この牛の父牛を聞いてみたら、キング・マーベル・セジス・コルンダイクという有名な牛であることがわかった。

こういってはおこがましいが、私はホルスタイン・フリージアン種の血統については、徹底した知識を持っているので、この出品牛はすばらしい牛だ、この牛の息牛なら体型・外貌から能力、系統からして、どこの乳牛群へ持っていっても、大丈夫改良する力があるものと見抜いた。なお調べてみると、ベル・フアーム・スーシーは3歳の若牛で、2歳級で乳量22,000ポンド（9,900kg）、乳脂量700

ポンド（315kg）以上の検定成績であることがわかった。

しかもホワイト・スーシー〈母牛〉の検定成績は、乳脂量907.2ポンド（408.2kg）であり、出品牛の父牛キング・マーベル・セジス・コルンダイクの娘牛は、全部よい成績であることがわかったから、この牛はよい能力を遺伝することを確かめた。よい牛だなあと思った。しかし今妊娠中の牛の父牛は何という牛だろうかと聞いてみたら、ノーススター・オーゾーン・チヤンピオンということであった。

この種雄牛については、私は少し疑問を持っていたが、しかし、とにかくその先祖牛も十分満足すべきものであり、有名なポール・ミスナー氏、ジョン・A・ベル氏〈ベル・フアームの所有者であり、この出品牛の所有者〉、W・S・モスクップ氏〈ノーススター・オーゾーン・チヤンピオンの生産者であり、有名なブリーダーで、ホルスタイン・フリージアン種の審査員〉などの人々が高く評価し、ほめる種雄牛であり、私はすべての条件を考え、出品牛やその母牛は、私は偉大な牛と思ったから、今妊娠中の子が雄であったら、いくらでわけてもらえるかと切り出した。1,000ドル台で交渉がまとまって予約をとりかわした。

その後、子牛が生れたが、幸いにも雄子牛であった。初めはベルー・フアーム・ノーブル・ラドと呼ばれたが、後でベル・フアーム・スゾーンと改名され、登録番号517606となった。これが若い種雄牛を買ったいきさつの概要である。母牛ベル・フアーム・スーシーはその後再び検定を受けて、4歳で乳脂量858ポンド（386kg）、5歳で同じく882ポンド（397kg）であった。母牛、母方の祖母牛、父牛の先祖牛が、いずれも立派なことは、3代、4代、5代先の先祖牛を見ても体型・外貌、乳牛としての質からいって、よく揃ってよい牛ばかりであることがわかったので、この牛は必ず偉大な種雄牛になるという確信を持って極力種付けをした。

その結果は、期待に背かず大した成績をあげた。1948年4月までの成績で、公式に認められているもので、19頭の娘牛の生涯の成績は乳量100,000ポンド（45,000kg）以上のもの、平均148,637ポンド（66,886.7kg）、乳脂量4,991ポンド（2,246kg）であり、成績のよい娘牛50頭の生涯の能力は平均100,893ポンド（45,401.2kg）であり、また生涯の乳量150,000ポンド（67,500kg）以上のもの10頭の平均乳量177,662ポンド（79,947.9kg）、乳脂量6,096ポンド（2,743.2kg）であり、今までどの種雄牛の娘牛にもこんなに成績のよいものが揃っているものはない。ベル・フアーム・スゾーンの娘牛の体型・外貌は、共進会出品牛のようにけばけばしい格好のものはそれほど多くはないが、大体多くのものはすばらしい乳牛だとすぐ認められる牛である。

今まで娘牛54頭についてアメリカ合衆国ホルスタイン・フリージアン協会の体型審査で超特優級〈エクセレント〉（90点以上）10頭。特優級〈ベリーグッド〉（89～85点）18頭。優良級〈グッドプラス〉（84～80点）22頭。良牛級〈グッド〉（79～75点）11頭。普通牛級〈フェアー〉（74～65点）1頭であり、この種雄牛の娘牛の総平均点数は83.28であり、ホルスタイン・フリージアン協会のプログレシーブ・ブリーダーズ・レジストリー〈進歩的ブリーダーの登録〉には、乳牛群全頭の審査で80点以上であるから、体型・外貌からいっても、この種雄牛の娘牛に遺伝する価値はわかると思う。

以上のとおりであるから、この種雄牛が成功したものであったことがわかる。しかしこれによって、私は自分のいう種雄牛の選び方が、100パーセント間違いなし、完全無欠なものと保証するためにこのスゾーンを例に引いたのではない。ただ私のいう改良方法を実行した、明らかな例を1つ示したのにすぎない。私は、ベル・フアーム・スゾーンの話をこれでやめたくない。娘牛のうち最大の能力牛は、エセツクス・スゾーン・エプリル・ベルである。

この牛は1929年4月生まれで、生後26ヵ月目〈1931年6月〉に初産、1945年12月18日に死亡したが、それまでに12乳期で乳量248,138ポンド（111,662kg）、乳脂量8,358ポンド（3,761kg）であって、存命中の乳牛を除き、この牛が世界一の一生涯能力牛となっている。この牛は泌乳能力が偉大であるばかりでなく、2回は双子、10回は普通で、計14頭の子牛を産み、1948年4月までに繁殖に使った雌牛101頭、種付けに使っている種雄牛4頭は、このエプリル・ベルの直系である。

エプリル・ベルは特優級であり、オーバーブルーク牧場にいる子牛5頭中、雌2頭は超特優、2頭は特優、息牛1頭は特優である。双子の娘牛はいずれも一生涯の乳量は127,000ポンド（57,150kg）、乳脂量は年産817ポンド（368kg）以上であり、審査点は超特優級であり、その1頭は金牌付種雄牛の母牛である。

15　乳牛群を改良繁殖する場合に雌牛側について考えるべきこと

乳牛群の半分といわれる種雄牛について、あまりにも多くの時間をさいて私の考えを述べたが、かといって、残り半分の雌牛についておろそかにする考えは少しもない。乳牛群の成雌牛――若雌牛をひとまとめにして雌牛という場合は、乳牛群を改良するには種雄牛と同じくらい大切なものである。しかし雌牛には繁殖に関係ある要素が多いが、それと交配する種雄牛はたいてい1頭である。それで雌牛側から乳牛群を改良しようとするには、数多い雌牛を1頭1頭その能力、繁殖力を始め、美点、弱点を自分で十分覚えてかからなければできない。

その知識は、引き続き長い年月、能力検定をやって得た成績をもとにしたものでなければならない。この能力検定成績で、自分の乳牛群中、どの牛が能力の一番よい牛か、どの系統がもっともよい系統かということがわかる。能力の悪い牛はできるだけ早く淘汰し、乳牛群の優良組の牛から生まれた若雌牛だけで補っていく。こうするには、よい種雄牛を使って、優良組の牛を改良すれば、短い年数で必ず全部よい牛となるだろう。淘汰した牛は未練なく屠殺した方がよい。登録した純系乳牛が、これまで改良があまり進まないわけは、ブリーダーが能力の劣った牛を淘汰しなかったからである。

しかし、雑種の乳牛を飼っている農家の牛が、純系牛の能力に追いついてきたのは、雑種牛を飼っている人々が、能力の劣った牛を惜し気もなく淘汰し、自分の牛群の、もっとも能力のよい牛から生まれた娘牛で補充していることが主な原因である。純系乳牛でも、こういうふうにやっているものの牛はますます能力がよくなるから、とても雑種牛とくらべものにならないほどよくなっている。アメリカ合衆国の登録された純系牛で、もっともよい乳牛群は、斑紋は勿論遠い先祖牛から登録されているのみならず、よい能力の純血であり、どの牛もどの牛も能力がよく、いずれ劣らぬ逸品揃いである。

こういう乳牛群になったのは、乳牛群中で能力の一番悪い牛から惜し気もなく数頭ずつ毎年淘汰し、その代わり一番能力のよい牛から生まれた若雌牛で補うように、固く守ってやったからである。登録された純系牛を飼っていようが、また雑種牛を持っていようが、よい牛を選んで残し、悪い牛を淘汰し、よい牛から生まれたよい若雌牛で補充していくという、ごく簡単なことをやらないで、よい乳牛群をつくり上げるわけにいかない。能力の悪い雌牛を容赦なく淘汰しなければ、よい牛に引き続き改良し、よりよい乳牛群につくり上げることはできない。

能力劣等な牛や、普通能力の牛のつぶし値段は今よいから、若雌牛にまで育てる費用と大した違いがない。しかも若雌牛の能力は増えるから、この差を補ってあまりがあろう。長い間、年々引き続き検定をやってその成績を保存している乳牛群でも、もっともよい能力の牛が、必ずしももっともよい娘牛を生むとは限らない。またもっとも能力の劣った牛の娘牛が、まれではあるが普通の能力よりよいことがある。

しかし、概してよい牛からよい娘牛ができるものである。われわれは雌牛の系統のうちで、これならよい牛になると期待のできる、よい子牛のできる系統があることを見出したときには、その系統で改良し、よい乳牛群をつくり上げたものである。ここまでくればしめたもので、これからは種雄牛を前に述べた方法で選んでかけていけば、種雄牛の遺伝する能力の程度によって、一層改良進歩させることができる。

私は改良繁殖の方法について、これ以上いうことはない。乳牛の改良繁殖について、誰でも、何から何まで全部１つの本にまとめて述べることはできるものではない。私は改良繁殖のごく初歩の原則だけは述べることができたと思うから、どうか、このごく簡単な原則を実行していただきたい。こういっても、これを読む人により、ひとりは成功したにかかわらず、中には成功しない人もあろう。乳牛の改良というものも、人の個性によるものであることは、他の何の事業でも同じことである。このとおりやりなさいといって、同じ方法でやっても成功するものと、そうでないものとあるのはやむを得ない。それは天分によるから仕方がない。

元来ブリーダーとして成功している人は、ある雌牛とある種雄牛をかけ合わすときに、その人の天分にもよるが、その上に長い年月努力して得た眼識と判断力を十分持っているから、よい牛をつくり出せるものである。最も成功したブリーダーは、長年月の間日々自分の乳牛群に接し、１頭１頭底の底までも、その長所も短所も十分に知り尽くして、ひと目見ればすぐ響いてくる直感により、１頭１頭脳裡から離さず研究しているからこそ、群をぬいて頭角を表すようになったものである。最も成功しているブリーダーは、自分の飼っている牛を非常に愛するから、牛もその注意と親切にほだされて自分の能力を完全に表すことになる。

乳牛の扱いや改良というものは、数字や形や遺伝学などという冷たいことばかりを知っていても成功するものでない。乳牛の扱い方や改良というものは芸術である。本当のブリーダーは芸術家である——芸術家中のもっとも大きな芸術家である——。ブリーダーは人類の福祉を本当に増すからである。

16　乳牛の改良繁殖についての結論

今の知識と昔からの経験から判断して、もっとも信頼することのできる改良繁殖の方法は、次の16項に尽きる。

1. 牛種を選ぶこと。そして、それをどこまでも守り続けること。

2. 自分の選んだ牛種の純系種で、登録された種雄牛を種付けに使い、しかも得られる範囲内で、もっともよい種雄牛を用いること。

3. よいと選んだ系統の種雄牛を選ぶこと。その系統は、生産能力と繁殖力の保証された血筋からきているものでなければならない。そして、その系統のものでどこまでも改良する。種雄牛はその系統の中でもっともよい牛を使うことである。

4. 乳牛群の中に優秀な価値のある血筋の牛ができ上がったならば系統繁殖をやり、それによってよい牛ができたならば、近親繁殖もときにはやってみるがよい。血筋関係の近い牛をかけ合わすことは一乳牛群内でも、また団体内でもやって効果のあるものである。

5. 目下流行している乱雑きわまる血筋の交配は、極力避けた方がよい。この方法も一理はあるだろうが、避けた方が安全である。

6. 設備を整えて種雄牛を健康にしておき、改良繁殖の価値がわかるまで、活気に富んだ生活をさせておくようにする。

7. 乳牛群の搾乳牛は、1頭残らず普通の飼い方で能力検定をやり、一生涯の能力成績がわかるように保存しておく。

8. 乳牛を選ぶことと種雄牛の価値を保証するために、能力検定成績を科学的に利用する。

9. 乳牛群から常に劣等牛を淘汰し、乳牛群中もっともよい牛の娘牛で補充する。

10. 乳牛群中もっともよいと認めた、繁殖する価値のある乳牛の血筋の牛に改良していくこと。

11. 乳牛の改良繁殖に心を打ち込み、自分の乳牛群の欠点をよく見ておくとともに、優れているところをよく見ておくこと。これは現在の乳牛も、祖先牛も同様によく見ておかなければならない。

12. 自分の持っている乳牛について、自分の知識を土台として適当な種雄牛を選び、それをかけて自分の乳牛の弱点を直していくとともに、よいところはますます強めていくようにする。

13. 忍耐と不屈の精神を持ち、自分のやった失敗は失敗として認め、またあらためてやり直し、成功したことは隣人に知らせて、その方法の効能を知らせてやる。

14. われわれの改良の目標は、よりよい牛、儲けの多い乳牛群をつくり上げることである。この目標に向かっていつも変わらない努力をして、一時的の流行や道楽や、簡便法などにごまかされないようにする。われわれの目標に達するには、けっして近道などが、あるものではない。

15. 何々法とか能力遺伝指数は用いなければならないが、けっして悪用してはいけない。これらは乳牛群を調べるのに助けとなることがある。

16. 乳牛改良に貢献した人々の経験を参考にすること。牛づくりの名人は次のようにいっている。もっともよい種雄牛をもっともよい雌牛にかけ合わせること。よくない牛を発見したら惜気もなく淘汰しなければならない。大概の場合は系統をつくり上げている血筋の中で改良を進めていくことである。

この一文は大部分5ヵ年以前に書いたものであるが、今なお変化もなく、そのまま使うことができる。私の考えはけっして気まぐれではない。真剣である。むしろ、先人の経験を集めたものである。むろん、その中には私の創意によるものもある。哲学というものは長い年月の間、いろいろな試験をパスしたものであるから信頼ができる。牛飼い哲学は、時代は移り変わっても不変である。勿論、議論中参照にした能力検定成績や、この本に掲げた写真などは、時代遅れのものもあるかもしれない。

成功した近親繁殖の例にあげたダンロージン・デユーブラー、720861は偉大な能力を遺伝する父牛となり、保証された牛であるが、一般のセリで3,600ドルで売れ、1頭の娘牛は1,650ドルで売れた。デユーブラーの両親牛の系統の牛は、息牛と娘牛60頭以上の頭数で1頭平均2,500ドルの高値で売れた。

人工授精協会は長足の進歩を遂げ、今では純系乳牛の改良繁殖の主役を務めるようになった。なお雑種牛も協会に加入しているニュージャージー試験場のサー・ミユーチユアル・オームスビー・ジユーウエル・アリス、654594の能力遺伝は、非常によく、娘牛の平均脂肪率は4.0パーセントとなった。

ベル・フアーム・スゾーンは死ぬまでに、一生涯の乳量100,000ポンド（45,000kg）以上の能力の娘牛が15頭あった。エセツクス・スゾーン・エプリル・ベルは満15歳になろうとしているが、今分娩間近であり、今までに乳量223,000ポンド（100,350kg）、乳脂量7,500ポンド（3,375kg）を生産している。エプリル・ベルの娘牛2頭は、乳脂量800ポンド（360kg）以上、乳量はいずれも100,000

ポンド（45,000kg）台に近づいている。

私の管理するオーバーブルーク牧場で、1937年には、スゾーンの最初の娘牛11頭の乳脂量が、1日3回搾りで一躍1,000ポンド（450kg）台以上に飛び上がった。この成績は予想しないでもなかったが、私の種牛哲学というものは、いよいよ霊感を受けることになった。娘牛が増えてきて23頭になると乳脂量は889ポンド（400kg）になった。今は娘牛44頭になって、800ポンド（360kg）とだんだん下がってきた。娘牛が多くなると、1日3回搾りの検定成績で乳脂量900〜1,000ポンド（405〜450kg）の娘牛の父牛はないものであろうか。

なるほど、娘牛が10頭やそこらでは900〜1,000ポンド（405〜450kg）の父牛はあるかもしれないが、娘牛が40〜50頭になるとなかなかそういう牛はないかもしれない。しかし、今戦時中（第2次大戦）で飼料も労働事情も戦前と違うから、このままでは戦前の成績とはくらべものにならない。私の牧場の成績も、そのまま遺伝指数を出すことはできない。種雄牛の遺伝指数をくらべる場合は、その検定の時と場所と、その他いろいろの事情を調べてからでないと正しくない。

オーバーブルーク牧場やその他の乳牛群で見たところでは、最もよい牛を、血筋の近いもの同士かけ合わせることはよいことがわかった。しかし特に注意してほしいことは、近親繁殖と密接な血筋の牛を系統繁殖することは、もっとも優れた牛を改良繁殖するときにやる方法であって、並牛や能力の低い牛にやってはいけない方法であるということである。

第３章　乳用牛の飼養法

乳牛を、どういうふうに飼ったらよいかということについて、実用向きに、また科学的に書いたものや、話されたものは多い。理屈からいうと、なぜそうするか、どういうわけでそうするんだと、むずかしく飼い方の１つ１つのわけなどを説明することになる。普通の酪農家は、むずかしい、わかりにくい理屈よりも、手っ取り早く結果が知りたいものであるが、理屈などはどうでもよいというわけにはいかない。大体のわけがわかれば、どうしてこうしなければならないかということが、わかる助けになる。そこで、これから乳牛の飼養について、知っておかねばならぬことを、酪農家が実際にやる立場から説明することにする。

１　飼養の一般

飼養費は牛乳の生産費中、もっとも大きな費目であるから、安く飼養するということは、大切なことである。牛乳の価格はおもに市場によって決められ、その取引値段の高低については、酪農家はごくあわれな統制力しか持たない。しかし、牛乳の生産費を統制する力は強いものである。酪農家の成功は、おもに清潔で安全なよい乳を、できるだけ安く生産する能力を、持っているかどうかということによって決まるものである。

安い牛乳を生産するには、第一に能力のよい乳牛が必要である。次に適切な飼養と管理をしなければならない。もっとくわしくいえば、安い牛乳を生産するには、1.飼養、2.淘汰、3.繁殖、4.管理の各項目をうまくやることである。この章では、飼養のことを述べよう。

飼養の原理を聞けば、適切な飼い方をしなければならないわけがわかる。乳牛は自分の体を維持し、牛乳の生産のために飼料と水を利用する。食った飼料をどう利用するか。

飼料は次のものからできている	乳牛の体は次のようにできている	牛乳は次のような成分からできている
水　分	56%	87.1%
蛋　白　質	筋肉組織、内臓、毛、角、皮膚、その他　計18%	カゼイン，アルブミン　3.5%
炭　水　化　物 脂　肪、繊　維	脂　肪　21%	脂肪、乳糖　8.7%
鉱　物　質	骨　格　5.0%	0.7%
合　計	100.00%	100.00%
ビ　タ　ミ　ン		ビタミン A. B. C. D. E. G.

この表によって、飼料のもととなる6つの成分が、蛋白質、炭水化物、脂肪、繊維、鉱物からできていることがわかる。このほかビタミンがある。これら1つ1つの成分について考えてみよう。

A　水　分

水分は大切なものであるが、とかく忘れがちなものである。乳牛の体の水分は56パーセントであり、牛乳の水分は87.1パーセントである。その上、水分は飼料の消化に大切な役目を果し、また消化された栄養分を、吸収できるよう液体化することにも大きな役割を果す。飼料の栄養分が、牛の体内に吸収されるには、液体のなかにとけ込まねばならない。この液体は水が主体であるから、水がたくさん要るわけである。液体の中に栄養分がとけ込んで、血管内に流れ込み、血液によって運ばれていき、治療用にも、体組織の成長にも、また牛乳の生産などにも用いられるのである。

牛の体内の液体は、おもに水分である。それがため、成雌牛であろうが、若雌牛であろうが、常に健康に、よい水を飲めるようにしておかねばならない。よい水を、飲みたいときに飲めるように設備するためにかけた経費ほど、利益をあげる投資はなかろう。

B 蛋 白 質

酪農家は、蛋白質の必要なことを、あまり多く聞かされて食傷しているほどである。配合飼料を買うときに、飼料袋についている分析表を考えることは、可消化粗蛋白質が16パーセントか24パーセントかという位のものであろう。しかし、配合飼料の値段も、栄養価値も、蛋白質含有量とその質によるものである。蛋白質には、いろいろの種類があり、またその出た「もと」により性質も違い、効き目も同一ではないのである。ここで、蛋白質についてもっとくわしく考えてみよう。

大体、蛋白質というものについて、2～3年前までは、乳牛の必要なだけ十分に食わせなければ、乳がぐんぐんと減るものだと思われていた。進んだ酪農家や、気の利いた飼料商は、蛋白質を多く食わせれば乳は増えてくるものだということを知って、乳牛に食わせる配合飼料中の蛋白質を、だんだんと増やすことになってきた。

ところがそれは、何の経験もなく、蛋白質の働きについて基礎的な知識さえなく、何の研究もせずに、やたらに増やしただけのものであった。蛋白質を増したときには、乳量がすぐ増えたが、間もなく、蛋白質をむやみに増さなかった昔には見られなかった、食滞、不消化、乳房の故障、繁殖障害、その他いろいろの故障が現れ始め、これらの故障のために、大きな損害を被るに至った。

そこですぐ、これらの故障は、蛋白質のやり過ぎのためだと叫び出した。昔から酪農をやっている地域では、今日でもどちらかといえば蛋白質は控えめにしている。蛋白質攻めはやらない風習になっているのである。それにもかかわらず、乳房炎、受胎困難、後産停滞等々が、酪農家の乳牛に多くなり困っている現状である。今になって酪農家も飼料取扱業者も、次のような疑問を起こすようになった。

1. 蛋白質が多過ぎるためだろうか
2. 蛋白質の質が悪いのだろうか
3. その他のわけがあるかもしれない
4. それとも1～3を合わせたものか

昔あまり聞かなかった乳房炎が、近年大変伝染して広い地域に起こるようになり、また繁殖障害が、これまでの2倍にもなったことがはっきりわかってきた。一般にはこれらの原因の多くは、流行性の乳房炎、流行性の流産などの関係であり、蛋白質の食い過ぎから起こることも多少はあろうが、問題にならないとしている。しかし私の見るところは違う。私はこのような故障の多くは、おおむね栄養上から起こる—栄養分の不均衡—栄養分の不完全からきていると思っている。私の経験からすれば、これらは飼養をあらためれば防ぐことができる、と確信している。

蛋白質を食わせ過ぎるということも、確かに1つの原因であろう。蛋白質というものを、ばらばらに分けてみると、他の飼料の栄養分中には含んでいない、窒素というものを含んでいる。空気中には他の元素と結びつかず遊離の状態になっている。蛋白質のうち、炭素と結び合って有機体の形になるものがあり、その結びつき方で、蛋白質の性質が違い、動物の使う道もわかってくるのである。乳牛の体では、蛋白質は淡味な肉また筋肉、内臓、皮膚、毛などをつくっており、牛乳の中ではカゼインとアルブミンが代表している。酪農家が覚えておかねばならないことは、蛋白質以外の飼料成分は蛋白質を代用することができないということである。

蛋白質を分析してみると、アミノ酸というものからできており、数種のアミノ酸からできていることもあり、また20ほどのアミノ酸からできていることもある。酸といっても、硫酸とか塩酸とかいう無機酸ではない。このアミノ酸は有機酸である。塩基性物質の化学反応と反対に酸性であるから、アミノ酸というだけのことである。すべての物質は、化学では酸性を表すか、塩基性かの2つである。アミノ酸は、今までに知られているものが20種ある。それには一々名がついており、われわれはとても長く覚えておられるものではない。例えば、トリプトファン、リジン、シスチン、ヒスチジン等々である。この4種のアミノ酸だけは、酪農家に大切であるから書いておいた。

学者がアミノ酸を分類するように、乳牛も、その体内でそれぞれ分類することであろう。消化の途中で、蛋白質をアミノ酸に分解し、小腸壁から血液がそのアミノ酸を受けとり、必要な箇所へ運んでいき、筋肉の修理をし、腺を再びつくり、牛乳の中の蛋白質をつくる材料を与えるなどする。アミノ酸はそれぞれ違った構造をしていて、例えば乳牛は、リジンをトリプトファンに変えたりはしない。一部の大切なアミノ酸は、他のアミノ酸に変わらないが、多くは、構造を変えたり、また互いに交換することもできる。乳牛は食った飼料中のアミノ酸を、手ぎわよく用いて消化し、もっともうまく使っている。蛋白質ができたもとの品物によって、アミノ酸の性質と、その分量が決まっているものである。乳牛がアミノ酸をよく利用し、ときにはつくり変え、また取り替えなどしてくれることはありがたいことである。

飼料によって、それに含まれている蛋白質は、それぞれ違ったアミノ酸を持っている。例えば、小麦から採った麬（ふすま）の中の蛋白質、トウモロコシ、トウモロコシから採ったグルテンフィード、グルテンミール、ホミニー（ひき割りトウモロコシ）などの蛋白質、亜麻たねの蛋白質などは、それぞれ違ったアミノ酸からできている。このように、植物蛋白質が原料によって、その含んでいるアミノ酸が違うように、動物蛋白質、例えば牛乳の蛋白質のアミノ酸は、牛の体の肉の蛋白質のアミノ酸とは違う。乳牛は牛乳の蛋白質をつくるときと、体の蛋白質をつくるときとは、違った特別のアミノ酸の組み合わせと分量がなければならない。乳牛は一体どのようにしてこれを行うのか。乳牛はさほど多くもない種類のアミノ酸で、やりくり算段して、よくも間に合わせているものだと思う。あるときには1つのアミノ酸がないために、他のアミノ酸は全部揃っており分量もたくさんあっても、その働きを十分することができないこともあろう。酪農家としては、そのときどういうように、乳牛の働きを助けてやればよいか。

そのときはやむを得ないから、つり合いのとれた蛋白質を食わせる。多種多様のアミノ酸を含んだ蛋白質を含む飼料を食わせてやるのである。そうすると乳牛は、どうにかうまくやって行くだろう、という位のところで現在行きづまっている。それならよくつり合いのとれた蛋白質とか、多くの種類の蛋白質を食わせるということは、どういうことかというと、誰もはっきりはわかっていない。ただぼんやりながら、そういうことができるというだけである。

多くの種類の蛋白質を食わせて、ある期間経ってみると、その結果が出てくるから、それでよいか、まだ不足であるかが、ぼんやりながらわかるといった、あわれな程度である。蛋白質を生む原料が数多いようにすると都合がよいし、効き目があり、また割安の蛋白飼料ができる。しかし、なお疑問がある。

乳牛の必要な蛋白質は、もっともよい組み合わせといっても、粗飼料と穀物の蛋白質だけで間に合うのかという問題が起こってくるのである。私の経験では、粗飼料と穀物だけでは、いかにうまくやっても、乳牛の必要な蛋白質を十分食わせることができなかった。人間の食う魚類から採った、魚粕粉に含まれている蛋白質のような、高級な動物蛋白質を加えると、粗飼料と穀物蛋白質のよい割合になることがわかった。穀物の種類を多くすれば、蛋白質の種類―アミノ酸の種類―を相当多くすることができるが、まだまだ不十分である。よい魚粉をそれに加えると、動物蛋白質―アミノ酸―が加わるから、ますますよくなるものである。

高級な特別蛋白質というものは、リジン、シスチン、トリプトファン、ヒスチジンなど、なくてはならぬアミノ酸を始め、代用のできない、また変性してつくることもできないアミノ酸を、たくさん含んでいるということが、科学者によって明らかにされた。魚粉は高級アミノ酸を含んでおり、穀物から採ったアミノ酸をどのように組み合わせたものよりも、高級な蛋白質を含んでいる。蛋白質の種類がよく、また性質がよければ、これまで食わせていただけの蛋白質の量を、飼料中に配合しなくともよい。

アミノ酸に、もう一歩ふみ込んで考えたいことは〈私は断定を下すことはできないが〉粉にした蛋白質の多い飼料〈しばしばアミノ酸のつり合いのとれぬ配合のものもあろう〉を食わされた場合のことである。乳牛はそれをもてあまし、体の外に出してしまうであろうと思う。多分ありあまるアミノ酸が、無駄に体外に出されるだけでなく、それまでにならないうちに、体に害をなすこともあるということが考えられる。そのありあまるアミノ酸は、血液の中に混じって運ばれ、尿の中にとけ込んで体外に出される。そうなると血液の中にアミノ酸が多くなり過ぎるために、牛の体内の液体が全部つり合いがとれなくなるだろうし、またそのために牛乳も性質が変わってくるであろう。乳牛が乳房炎にかかりそうになってくると、酪農家はなぜすぐ飼料中の蛋白飼料を減らすのか。実際、酪農家は理屈はわからないが自分の経験で、乳房炎になりそうなときには蛋白質を減らせば、乳房炎を防げるように思い、そうすることがよいようだから、やるだけのことである。アミノ酸のつり合いのとれていない配合の蛋白質飼料のやり過ぎのために、本当に乳房炎になるだろうか。近年流行っている乳房炎の原因の１つは、これではないだろうか。一体誰がそうではないと、立派に断言できるだろうか。

C　炭水化物、脂肪と繊維

これらのものを１つの題にまとめて考えるのは、この３つのものは、すべてエネルギーを供給するもので、体温を保つための燃料となり、働くためには力となり、また、体の脂肪をつくるために役立ち、牛乳の脂肪や乳糖をつくるからである。炭水化物と脂肪は、ほとんど無駄なく使われ、ほとんど全部消化される。繊維質はたくさん熱量があるけれども、おもに不消化のものが多いと考えられ、動物に栄養になるものは少ないと考えられている。したがって、繊維質の多い飼料は、可消化栄養分が少ないと普通には考えられている。しかし、私の経験によると、エン麦の籾殻（もみがら）に糖蜜を混ぜてやると効き目があると、一般に考えられていることには、反対である。乳牛の乳量から見ると、エン麦の籾殻の繊維の中には何かは知らぬが非常に役立つものが含まれていることがわかる。

繊維というものは、乳牛の飼料として大切な役割をなす成分である。第一に量を増すということ、この量を増すということは、乳牛の飼料として、ぜひなくてはならないことである。また、繊維は消化液が飼料のなかに滲み込むために大変都合がよく、したがって消化するのに都合がよくなる。乳牛の飼料は相当の量がなければならないが、これは主に粗飼料でその役をまかなう。また酪農家は経験から、重い質の穀物〈トウモロコシのようなもの〉の入っている濃厚飼料を乳牛にやれば、消化器を傷めることを知っているから、相当量のある軽い〈エン麦、小麦麬など〉濃厚飼料を多く混ぜてやるものである。蛋白質によってもエネルギーを供給することはできるが、それには有機質の形になっている窒素が含まれており、もったいないのでそういうことはしない。

乳牛の飼料を選ぶときに、まず第一に考えなければならぬことは、乳牛が必要とするだけの蛋白質とエネルギー価が含まれているかどうか、これら2つの養分の割合がよいかどうかということである。

これらの養分を乳牛が利用する場合に、乳牛を蒸気機関に例えることができる。炭と薪の役目を務める炭水化物、脂肪、繊維などは、熱すなわちエネルギーをつくるために燃やされる。蛋白質は修繕用の材料にされる。蒸気機関は、ときに修繕しなければならないのと同様に、牛の体もまた修繕しなければならないからである。搾乳牛は乳をつくらねばならないが、まず最初に体を丈夫にしておかねばならない。それには、蛋白質とエネルギーの一定の分量が要るのである。

乳牛の体を丈夫にしていくに必要な養分のほかに、乳をつくるのに必要な蛋白質と、エネルギー価が必要であり、また体重の増加のためにも、さらにまた、胎子のためにも必要なのである。生体量1,000ポンド（450kg）の乳牛で、乳脂率4パーセントの乳を20ポンド（9kg）出しているときは、だいたい乳をつくるのに必要な飼料養分と、体を丈夫に保っていくための飼料養分とは、ほぼ同一である。すなわち牛乳9ℓ出している体重450kgの牛は、食った飼料の半分が牛体維持に、残り半分は乳になるとみてよい。生体量1,000ポンド（450kg）の牛が、脂肪率4パーセントの乳を40ポンド（18kg）〈約18ℓ〉出すときには、第1例の場合と同じ分量であるが、食った飼料養分〈もちろん第1の場合より増えるが〉の3分の2の養分が乳の生産の方に向けられることになる。同じ体重の牛がいろいろな原因で能力が悪く、4パーセントの乳を10ポンド（4.5kg）より生産しないときには、体を維持するためには前と同じであるが、食った飼料〈もちろん前の2つの場合より少ないが〉の3

分の１しか乳の生産には向けられず、体の方へ３分の２向けられるものである。１日 10 ポンド（4.5kg）しか乳を生産しない牛で、１日 40 ポンド（18kg）生産するには、４頭飼っておかねばならないが、１日乳を 40 ポンド（18kg）生産する牛ならば、１頭で足りる。

しかもこの４頭の牛は、１日乳を 40 ポンド（18kg）生産する牛の食う飼料の３倍の分量を食わなければならぬから大損である。乳牛の能力が、本当に悪くて、儲からないときは、なるべく早く屠殺した方がよい。しかし、飼い方が悪くて乳の出ないものは、飼養の方法を改めなければならない。今まで述べたところで、飼料は、乳牛の持って生まれた能力を十分に出すだけ、十分に食わせた方が得であり、また、乳牛というものは、能力が違うものであるから、同じ飼料を同じ分量だけ食わせることはよくない、ということがおわかりになったと思う。

D　鉱物質と鉱物質の与え方

たいていの教科書には、鉱物質（ミネラル）のことを灰分と書いてあるが、これは、飼料を焼いて有機物をなくせば、後に残るものがおもに灰であるからである。ごく近頃までは、栄養の方でも鉱物質が大切であることを、十分に認められていなかった。しかし、鉱物質は生命に活気を与えるものであり、生命には必要欠くべからざるものである。

鉱物質がなかったり、ほどよい性質の鉱物性物質がなかったり、また分量が十分でなかったりすると、体の中の諸器官の働きが、著しく遅れたり、ひどいときには、止まったりするものである。鉱物質が栄養に必要なことは、骨組をつくり上げるばかりでなく、それ以上に多くの働きをするものである。鉱物質は体内の腺の働きを活発にする効果があり、また消化液の働きを活発にする効果がある。さらにまた、体液の酸性―塩基性を安定する役目を果すものである。

鉱物質の働きは、ビタミンの働きと関係あることが多い。鉱物質とビタミンは、栄養分として大切であるが、栄養の知識が進むにつれて、鉱物質の役割の大きさが、ますます唱えられるようになった。鉱物質の栄養について研究している人々は、必要な分量からいって、多く必要な鉱物質と、ごく少しであるが必要な鉱物質と、2つに区別しているけれども、これは動物の体の中にある鉱物質を分析して計算したものである。

1. 体内に大量にある鉱物質—カルシウム、リン、カリウム（カリ）、ナトリウム（ソーダ）、硫黄、マグネシウム

2. 体内に少量だけある鉱物質—銅、鉄、ヨウ素（ヨード）、マンガン

2の銅、鉄、ヨード、マンガンは量こそ少ないが、そのために酪農家はとかく思い違いをして、不必要とするのは大間違いで、乳牛には大変大切な場合はあるものである。以上しるした鉱物質は、乳牛の体に栄養として大切なものであるということは、よく知られている。このほかにもまだ乳牛に必要な鉱物質がたぶんあるだろうが、その働きがどんなものであるかが、残念ながらまだわかっていない。

その鉱物質は骨をつくり、または蛋白質の細胞組織をつくるものかも知れない。また体の中にある腺の働きを助けているかも知れない。また血液を調節し、またはその他の体液を調節する役目をしているかも知れない。その働きがどうであろうと、鉱物質が栄養分として大切なことがはっきりして、家畜の健康と能力に関係があることがわかってきた。乳牛からの利益もまた鉱物質から得られるようになるかも知れない。

普通の酪農家は理屈はどうでも、結果を手っ取り早く知りたがるものであるから、ここでは理由をあまり述べない。近頃はどうして鉱物質についてやかましくいうのだろうか。昔から長い間牛を飼ってきたが、鉱物質のことなど、近頃まで考えたことがなかったとい

う疑問が起こるであろう。鉱物質がそんなに大切なものなら、なぜ乳牛の配合飼料の中に鉱物質を配合しなかったのだろう。こう聞かれてみてもそう簡単に答えられない。

鉱物質を配合した飼料を乳牛にやったものも多かったが、その配合たるや、しばしば種々雑多なものを配合してやったから、その結果もいろいろで、よかったり、悪かったり、また効能がなかったこともあった。鉱物質は種類でもまたその分量でも、それぞれ大切なものであるが、それにもましてもっとも大切なことは、実際にやってみた経験からすると、無機の鉱物よりも天然の植物の体の中や、動物の体の中にある有機質の形になっている鉱物質を食わした方が、乳の生産には都合がよいということである。

とにかくどういうふうに鉱物を食わせるかという問いに、実際的にはっきりと答えることができるようになった。地球ができて以来幾世紀も、また毎年毎年地球の表面から水にとける鉱物質は洗い流され、川から海へ注ぎ込む。海洋では水分は蒸発するが、鉱物質は後に残り、ますます鉱物質が多くなっていく。処女地では鉱物質が割合多いから、開拓者はなにも気がつかなかった。しかし、この問題は大きくなってきた。

近年畑地で水にとける鉱物質、ヨードその他2～3のものが減ってきて、そこにできる作物にもそれが少なく、またこの作物を動物が食うから、ヨードその他2～3の鉱物質の不足からくる障害が起こってくる。元来作物の中に含まれている天然の有機質の形となっている鉱物質は、乳牛に都合がよいものである。

そういうことなら乳牛に必要な、水に完全にとける鉱物質を畑にやっておけばよいではないかということになる。確かにそうだ。しかし、実際にはいつでも実行することができるだろうか。目を海洋に向けると、そこには海中に生育する植物でも魚類でも、鉱物質をたくさん含んでいる。しかも陸上の作物と違って、知られている鉱物質はもとより、まだ知られていない鉱物質まで大変たくさん含んでいる。

海洋の生物—海草—魚類はたくさん自然の元素を含んでいる。ある海藻は、海水から鉱物質を集めて自分の組織内に蓄えて濃くする力を持っており、また陸上の植物には含まれていない、まれな鉱物質まで、集める力があることが信じられてきた。海洋産物をよく選んで配合すれば、陸上の作物に含まれていない鉱物質を補うことができるから、乳牛に必要な鉱物質を十分に与えることができ、その上、高級な蛋白質のつり合いのとれたものと、最も必要なビタミンをも、ともに食わすことができるということがわかった。

このことについての私の経験は、わが国の多くの酪農家がまねしてみて、またみな成績がよいことが明らかになった。

E　ビタミン類とビタミンの与え方

この物質は一時の流行りものではない。大切な必要欠くべからざる栄養分であって、蛋白質が必要欠くべからざるものとされているのと同じである。乳牛の栄養としての効用は、まだはっきりしないところもある。今までのところウサギ、ネズミ、モルモット、鶏で試験した結果について説明したものである。乳牛にはまだ1から10まで応用できるかどうか疑問がある。しかし、ビタミン本来の働きは、ウサギも乳牛も同じ程度とはいえなくとも、効用は同様であるとはいえよう。

科学者はビタミンを2つに大別する。1.油脂にとけるものA、D、E、2.水にとけるものB、C、Gとする。その働きは独立のものと、共同で働くものとある。どれも特殊の働きがある。1つのビタミンは他のビタミンの代わりの働きはできない。ビタミンの働きは他のビタミンがともにあるかないかによって、その働きが強まることもあるし、また弱まることもあるようである。

ビタミンは鉱物質の新陳代謝作用に大変な働きがある。ビタミンが飼料の中に十分にあるか、また全然ないかによって、乳牛が飼料中の鉱物質をうまく利用する力に違いができる。よく性のビタミンといわれているビタミンＥは、繁殖力に大いに関係があるようである。飼料中にビタミンＥが欠乏しているときには、飼料にビタミンＥを加えてやると、種雄牛の受胎率の悪いもの、また受胎の衰えた雌牛も回復させることができるようである。

しかし、どのビタミンも、乳牛でもっともよく効力を表す分量が、まだわかっていない。とにかく今まで知られているビタミンは、全部牛乳の中に含まれているということは、造物主のおめぐみで有難いことである。子牛が母牛と同じに粗飼料や濃厚飼料を食うようになるまで哺乳する乳のなかに、大切なビタミンが含まれている。このようにビタミンは母牛にも子牛にも必要なものである。特に注意すべきことは、母乳の代わりに代用物を子牛に与えるときには、普通の成長と発育ができるように、ビタミンを十分に含み、またそれぞれの割合も十分であるように、配合しておかねばならない。

蛋白質、脂肪、繊維、炭水化物、鉱物質などが飼料中に十分に含まれていても、ビタミンが飼料中に十分含まれていなければ、動物は生命を保てない。また、各栄養分のつり合いがとれていなければ、ビタミンもその働きを十分に表せない。ビタミンと各栄養分の間は相補う性質のもので、ビタミンだけでは何の役にも立たない。そうかといってビタミンがなければ、動物の体は飢え死にするといったあんばいのものである。

さて、前に述べたところを読んだ方は、鉱物質とビタミンを完全に乳牛にやりたいが、どうすればそうできるかというところまできた。われわれ酪農家は、できるだけよい飼料を、できるだけたくさんに自分でつくっている。しかし多くの人は濃厚飼料の全部、あるいは一部を買入れている。また牛乳を市乳として売っている酪農家のなかには、濃厚飼料から乾草まで買入れているものもある。酪農家は現実の問題にぶつかり、最善を尽くして飼料の自給を図ろうとしている。

しかし、事情によって酪農家がなんとかできることもあるし、そのなかには自分の手でどうしようもないこともある。またある酪農家がやっている方法が、事情の違ったところにいる他の酪農家には経済にならないこともある。私の経験と考えでもっともよいという方法でも、読者はその地方の事情によって、私の方法にもっとも近い、そしてもっともよい方法を編み出す必要がある。

緑の草は乳牛には自然のもっともよい飼料である。われわれ酪農家は、できるだけ6月の放牧地に生い茂っているうまい草を再生して、年中牛に食わせたいものと努力している。6月の草生のよい放牧地に放たれている牛は、新鮮な空気を胸いっぱい吸い込み、さんさんと照る太陽の光線にあたって、清いうまい水をふんだんに飲み、本当にのどかな楽しい気分を味わっている。

乳牛はそこここを歩き回り、食いたいと思ったときに草を食う。その時分の飼料たるや、自然に青草の中に含まれている汁が多くて、かさがあって、そう食い過ぎしない。またその食った草の中に含まれている栄養分は消化されやすく、草のやわらかい葉の中には自然の有機質の形になっている鉱物質〈放牧地の土質が鉱物質に富んでいれば〉が割合多く含まれている。そして青草の中にはビタミンも多い。

自然が乳牛と土地を創造したように、草が生い茂っている6月の放牧地は、乳牛に必要な今までに知られているもの、またまだ知られていない栄養分を完全に含んでいるものである。しかし、人間が乳牛と土地との間に入ってきて以来、すっかりものの順序が変わってきた。在来の牛はもともと1頭の子牛を育てるだけの乳を出せばよかったが、今では1頭の乳牛で、8～10頭の子牛を養うだけの乳を出すようにまで改良されてきた。

在来牛は自分の体を維持し、子牛を育てるには、第一胃いっぱい青草を食えばよかったが、今の乳牛はそう簡単にはいかない。乳牛が第一胃にいっぱいに食っても、われわれが乳牛に出してもらいたいと思う乳量を出すには、放牧地の草では十分でない。乳牛は濃厚飼料として一部分、もっと養分の濃厚な飼料〈穀物とその副産物〉を食わなければならないようになった。そこでまたまた人間は、穀物栽培と耕作法によって、自然の法則をてんぷくすることとなった。

最初に未開地を開墾してつくった農作物は、牛に必要な鉱物質はほとんどみな含んでいたものがあるが、酪農よりも先に発達した穀物作農業で、土壌内の鉱物質の多くのものは、水にとけて流れてなくなったため、次第に農作物の収量は減り、乳牛の必要とする、ある鉱物質が足りなくなった。ところが酪農業が進み、乳牛の乳量が増えてきたなら、ますます鉱物質を多く与えなければならないようになってきた。それで6月のよい放牧地の状態を、年中備えてやるように工夫をするとともに、鉱物質を補ってやるように工夫している。

穀物を乳牛にやるといっても、鉱物質を補うという点についてはたいしたことはない。というのは穀物というものは、その生殖のためには、ほとんど鉱物質が必要でないため、穀物の中にも鉱物質は少ないものであるからである。

2　粗飼料と水気の多い飼料

乳牛の飼料で基礎となる飼料は、よい粗飼料〈牧草類〉である。そこで酪農家は粗飼料をできるだけ多くつくっている。買わなければならない人たちは、もっともよいものを市場から買っている。冬季舎飼い中の飼料として、マメ科牧草の乾草を用意しなければならない。なお放牧地にはマメ科牧草を混播しておく。マメ科牧草に含んでいる蛋白質は割合安価であり、またある鉱物質を、特に石灰質を他の粗飼料より多く含んでいる。

酪農地帯で最もよい牧草はアルファルファである。だからアルファルファ牧草を乳牛飼料の土台とし、その他の飼料を考えることにする。しかし、アルファルファがつくられないか、また十分に食わすことのできないときは、クローバ類、メドハギ、大豆、カウピー、ヴエルベットビーン、その他その地方でできるマメ科植物をつくらなければならない。

マメ科の粗飼料がないとき、また十分に食わすことのできないときには、粗飼料中に欠けている養分、またはつり合いのとれていない栄養分を、できるだけ補うために、蛋白質の多い濃厚飼料を食わさなければならない。マメ科の粗飼料が必要なのと同じに必要なのは、飼料中に自然に水分を多く含んでいることである。天然に粗飼料中に含まれている液汁は、なかにビタミンと健康素を含んでいるものである。

よい放牧地の草は、十分にみずみずしいものである。舎飼いのときでもできるだけ6月の放牧地の草のように、水気のたくさんあるようにしなければならない。C・H・エクルス博士の有名な著書「乳牛と乳製品」は、冬季用飼料として、水気の多い飼料をなにかつくることができなければ、酪農をやって儲かるかどうか疑問である、といっているが名言である。

今では普通にデントコーンのサイレージをつくって、多汁質の飼料としている。近頃はグラス・サイレージのよいことが、ニュージャージー州立大学の北支場の試験場で明らかにされた。放牧地もなく、サイレージもない場合は、アメリカではビートパルプを水に漬けてやればよいということが、認められるようになった。ビートパルプは乾燥したままのものをやっても、また水に漬けたものをやっても成績がよい。普通にはパルプを水漬けするときには、家畜用糖蜜を加えてやるようになった。

ビートパルプはいずれの場合でも、最も上等な飼料である。ビートパルプはかさがあって、味がよく、また調味料として他の飼料の味をよくするからであり、水気を含むことができるので、乳牛の飼料に混ぜてやることはよい。私の経験では、乾乳中の乳牛が、次の乳期に、割安に最も多くの乳を出すように体を整える飼料として、ビートパルプは特別に都合のよい飼料である。ビートパルプは科学分析表以外に、何かわからないがよい成分があって、今まで知られている栄養分以外に価値があるものである。

ただ品切れしたり、またときに価格が割高のことがあるので困る。ビートパルプを食わして得か損かは、乳価との関係である。牛乳がよく売れるところでは、乳量が増えるから大概食わせて儲かる。私のいおうとするところは、多くの場合、休乳中の乳牛、また分娩前にビートパルプをやるとよいということである。コーン・サイレージやビートパルプの水気の多い飼料は、炭水化物や脂肪などエネルギー価が多いから、マメ科の乾草と組み合わせて乳牛に食わせれば、乳牛に必要な基礎飼料を食わすことができる。

これらを十分に食わすことができれば、蛋白質の含有量の中等な濃厚飼料を、ある一定量をやることにすれば、乳をもっともよく出し、長続きする。このようにしてよい粗飼料に飼料のかさと水気と味をつけ、そのうえ蛋白質、脂肪、炭水化物などの必要な可消化栄養分を、できるだけ多く食わし、なおたくさん乳を出す牛には、それだけ栄養分を濃厚飼料で食わせればよい。

3　放牧地について

前節では、冬季中の舎飼いの粗飼料について述べ、放牧中の飼料についてはさほどふれなかった。アメリカの酪農家は、放牧地の草を飼料として考えることは、今日まであまりなかった。しかし、乳牛の飼料で放牧地ほど手間がかからず、改良がたやすく、利益の多いものはない。ニュージャージー州立大学の研究と、宣伝拡張奉仕と、牛種協会機関紙や酪農雑誌の共同促進運動によって、酪農家は、放牧地は乳牛の飼料にはなくてならぬ大切なものだということに、次第に気づいてきた。

また放牧地を改良して、よい成績を得ているものも多くできている。ほどよく肥料をやり世話をすれば、多くの収量が得られ、乳牛にはよい飼料を食わすことができるものである。放牧地改良運動は、今ようやく始まったばかりであるが、その地方でもっともよいとすすめられている方法についてやれば、もっともっと利益は多いはずである。全国的によい方法をここで述べることはできないが、どこの酪農家も、農科大学や郡の農業改良技術員に相談されるならば、実地についてよい方法を指導してくれるはずである。

酪農地帯では地方地方に放牧地展示圃を設け、実地指導をしているから好都合である。また郡内で放牧地改良をやっている人に教えを受けると、納得されるであろう。よい放牧地に放牧されている乳牛は、自然の有機質の形となっている吸収されやすい鉱物質を、たくさん食うことができる。また鉱物質を利用するに必要なビタミンも割合多く吸収することができる。

その鉱物質は、土壌の中に含まれている鉱物質の種類と量によることは、もちろんである。乳牛の乳量が多くなれば鉱物質の量も多くなり、乳牛が利用できる形になった鉱物質を、補ってやらなければならないようになる。濃厚飼料で必要な鉱物質が十分に補われているかどうかということは、試験してみなければならない。今までの実験室の飼料分析で、もっと鉱物質が必要か、またどの鉱物質が必要かということも、現在のところわからない。乳牛が実験室だから乳牛が決めてくれる。

乳牛の飼料に、自然の鉱物質を補ってやれば、乳量が増えるというものならば、すぐに実験ができることである。儲かるかどうかもすぐ計算ができる。また繁殖障害、分娩困難、活気がないとかいう種々の故障があるときに、作物のなかに含まれている自然の鉱物質を食わせて救われるものなら、大変価値がある。

しかし、乳牛の飼料としての鉱物質についての知識は貧弱なもので、頼りにならないから、酪農家は自分でもその効き目を判断しなければ、らちがあかない。農事試験場の試験成績も十分でない。実際の経験と科学的研究でも、ある種類の鉱物質は、他の種類の鉱物質または数種の鉱物質がともにあって、初めてその働きを十分に果すことがしばしばある。またこれらの鉱物質は、自然に作物のなかにあって、それが牛の体のなかに入って、つり合いがとれた働きをし、乳を出す働きができあがるということがわかった。

これらの鉱物質は、みな自然の形で十分な量があるものである。しかし今のところでは、鉱物質を完全に、しかも自然にある有機体の形で十分に乳牛にやれば、大変によいかどうかを決めることもできないし、また悪いともいえない。まだまだ実地試験が十分でない。しかし普通の酪農家は、他の進んだ人々の実際にやっている成績を頼りにやるほか仕方がない。

次に、進歩した実用飼養法について、私の現在の知識にてらし、今の事業に合う方法を述べてみよう。

4 実用飼養法

分娩時の乳牛の様子は、その乳期の乳量を予想するのに大変助けになるから、乳牛の飼養について話すには、乾乳中の乳牛の飼料から始めるのがよいと思う。

A　乳牛はどれくらい乳を搾らずに休ませておかなければならないか

一般的には約8週間乾乳せよというのがお決まりである。しかし牛により、事情によって、多少伸び縮みすることはある。搾乳牛はいかに短くとも4～6週間の乾乳期間を取らなければいけない。しかし、8～10週間以上も休ませておくということは、損なことである。高等登録検定成績をよくしようとして、長く休ませている人もあるが、いけないことである。

B　乳をあげるにはどうしたらよいか

それは牛によって違うものである。自然にあがる牛もあれば、また乳のいつまでも続いて出る牛もある。そのような牛は、乳のあがるように仕向けていかなければならない。そのときがきて、乳をあげるというときには、濃厚飼料を食わすことをやめて、ただ乾草と水だけを与え、乳房の中の乳を除くために必要な回数だけ、何回も何回も乳を搾る。乳をあげるときには、少しでも後に残してはいけない。しこりが乳房にできたら、それがなくなるまで気長く毎日毎日搾る。乳房にしこりができたまま乳をあげると、しこりのある乳房の部位が乳を分泌する働きを失って、次の乳期には乳を出さず3本乳頭になることがあるから、注意しておかなければならない。

C　休乳中の牛の飼養法と取扱い方

乳があがったら、濃厚飼料をぼつぼつ食わせ始める。その量は牛がうまそうに食い、そして食い残さない位の分量でなければいけない。乾乳中の牛に濃厚飼料を食わしても、それはすぐに乳を出すためでなく、乳の栄養をよくし、次の乳期にたくさん乳を出させるためである。そのときにすぐに利益がないから食わせるのは損だといって、濃厚飼料をけちけちしてはいけない。必ず牛がよろこんで食うだけ十分やることである。

その濃厚飼料は、かなり腹のゆるくなり気味のものがよい。標準の配合に用いるものは、旧式の圧搾法によるアマニ油粕、小麦麬、細かに砕いたエン麦、黄色のトウモロコシの粗粉、ホミニーのなかに食塩を１割加えたものがよい。しかし私の考えでは、十分な量と完全な種類の鉱物質とビタミンを補うことが必要である。

乾乳中の牛には、濃厚飼料のほかにマメ科牧草を食うだけやり、また水気の多い飼料として青草、青刈飼料、根菜または水に漬けて湿したビートパルプを食わせる。理由はとにかく、乾乳中の牛に水気の多い飼料をやる場合には、ビートパルプの方がデントコーン・サイレージよりよいようである。分娩日が間近かに迫ってきていたときには、デントコーン・サイレージは多く食わせない方がよい。また家畜用糖蜜を食わせると糞がゆるくなるが、牛が好むので水に漬けたビートパルプに糖蜜を混ぜて食わせるとよい。糖蜜はまた値が安いから都合がよい。

以上のように乾乳中の牛を飼うのに注意する点は、1.体を整え健康にし、特に体の内部の腺の働きを強めるためである。2.次の乳期にたくさん乳を出させるために、栄養分をいくらか体に蓄えておくのである。3.体の中にだんだん大きくなりつつある胎子を養うために、十分な栄養分を食わすためである。これらの役目をよく果さなければ、分娩後に十分乳を出すことができない。それだから乾乳中の養い方に非常に力を注ぐわけである。

乾乳中の牛に食わす飼料は、量も十分でなければならないし、成分も正しいものでなければならない。飼料の成分の正しいということは、私の考えでは次のとおりである。飼料の中には栄養分を全部含んでおり、そのうえ牛に活気を与える鉱物質とビタミンがよくつり合いがとれており、またその分量も十分であり、おまけに安いということである。

酪農家は、よい飼料であるかどうかを確かめるには、どうしたらよいか。責任感ある濃厚飼料製造業者は、実験した結果、よい飼料に含んでいなければならない必要なものを、全部含んでいる濃厚飼料を販売している。中には実験室と農場を持っていて、濃厚飼料を改良しているものもあり、また農場を持っていない会社は、他の研究によって必要な成分を含ませるようにしている。

だいたいどの飼料会社も、成績のよくない濃厚飼料をつくっていてはお客が減るから、うっかりしてはいられない。改良に改良を重ねて良品をつくっている。酪農家は、買い入れる濃厚飼料で乳牛の健康が大変違うことを理解しているから、健康がよくなる濃厚飼料がよく売れるのである。

5　飼料の中に含んでいてほしい健康素は何か

今日の栄養学では、飼料の中には何パーセントの蛋白質と全可消化栄養分が必要であり、そのほか牛に活力を与えるものが必要であるということもわかっている。十分な蛋白質とエネルギー価を持つ飼料が必要であることなど、よく書物にも書かれている。しかし蛋白質と全エネルギー価だけでは、飼料の真価を決めるわけにはいかない。

乳牛のもっともよい健康と、乳牛からも多くの利益を得るためには、十分な蛋白質を全エネルギー価があるうえに、次の３つの条件を備えていかなければならない。

1. 蛋白質中には、特別に高級な蛋白質が含まれていて、そのつり合いがとれていなければならないこと
2. 乳牛が利用できる形になっている鉱物質の種類が揃っていて、その分量が十分であること
3. 必要なビタミンが全部含まれていること

以上の条件は、乾乳中の牛にも搾乳中の牛にも必要である。自家

産の穀物を配合して濃厚飼料をつくるとき、また購入した成分中に不足しているときには、それを補うことが必要である。私は乾乳中の牛にやる濃厚飼料として、数年間次の配合に近い配合飼料を食わして、最もよい成績を得てきた。

それはエン麦粉400ポンド（180kg）、小麦麩200ポンド（90kg）、黄色トウモロコシまたはホミニー200ポンド（90kg）、旧式圧搾のアマニ油粕100ポンド（45kg）、マンアマー（後述、P.137）100ポンド（45kg）、食塩10ポンド（4.5kg）、大麦粉はトウモロコシの代用ができ、またエン麦に一部分代用することができる。以上の配合飼料を普通に、乾乳中の濃厚飼料といっている。

私の管理するオーバーブルーク牧場では、この飼料を乾乳中の乳牛はもちろん、子牛、2歳牛、種雄牛にもやっている。そしてこれが私の牧場の基本の濃厚飼料となっている。搾乳牛にはこの配合飼料のほかに、乾燥した醸造粕200ポンド（90kg）を混ぜてやる。醸造粕を混ぜるときには、湿したビートパルプを混ぜてやる。私の牧場では配合飼料は1種類であるといってよい。

以前は検定牛用配合飼料、搾乳牛用配合飼料、乾乳中の配合飼料、子牛の配合飼料、若雌牛の配合飼料、種雄牛用配合飼料まで別々に配合していたものであるが、区別して配合した方がよいだろうと想像してやった。しかし、その手数と費用と、その成績について長年の経験からみると、そう面倒なことをしなくても、ただ1つの配合飼料で間に合うことがわかった。

しかし私のやっているように、鉱物質やビタミンを補っている場合にはよいが、そうでない場合には、すすめることができないかもしれない。

アンアマーを使うから、いろいろな配合飼料を区別してつくる必要がなくなったかもしれない。

とにかく、この単一な配合飼料を使ってよい成績をあげており、牧場の収入も増え、便利になり、現下の切迫している飼料事情にはもっともよい方法だと思っている。

6　分娩時の飼養法と取扱い方

乳のあげ方もうまくできて、乾乳中の飼料も十分やっており、分娩が間近かになったというときには、種付け簿によって正確な予定日を計算して準備をしなければならない。乳房が張ってくると、濃厚飼料を減らして、水に漬けて湿したビートパルプだけを続けてやる。いよいよ2～3日経ち産むことに見当がついたら、濃厚飼料をやめて、小麦麬だけを少しやる。

牛は清潔な広い産室に移し、隙間風が吹き込まないようによく囲い、そのなかで子を産ませるようにする。清潔な麦稈をたくさん入れて寝藁にしてやる。産室は母牛を入れる前に完全に消毒し、また使用後母牛を出した後も、きれいに掃除して消毒しておく。産室に移した牛はよく見るようにし、尾付の両側がへこんできたら、数時間後には子が生まれる。

母牛がそわそわして歩き回り出せば、そのままそっとしておき、少し離れて見ている。水袋がやぶれて、子牛の前肢の蹄が局部からのぞき始める。助産してやらなければならないとみたら、助産するが、なるべく牛に努力させて分娩するまで静かに待った方がよい。引き出すことは避けた方がよい。あまり早く引き出したために、長く待ったときよりも、怪我をさせることが多くある。

若雌牛の初産には、助けて出さなければならないこともあるが、年とった牛には少ない。初産でも努力させて産ませる方がよいから急く必要はない。しかし、たまには順当でないこともあるから、そのときは特別の処置をしなければならない。母牛がずい分長くふんばっても、前肢の蹄が出て鼻先が出てこないときには、よく調べてどこが故障で出てこないかを確かめなければならない。普通の故障は、後から出てくるようになっているものや、頭が前肢の上にのらず、曲がって後向きになっているものである。

こういうときには、母牛の産道に手を入れて調べるが、そのときには必ず手と腕とを消毒液の入った湯できれいに洗い、また母牛の外陰部に現れたところとそのまわりを、消毒液できれいに洗うことを忘れてはいけない。

子牛が後向きならば、中の方に戻して頭部を前方に向け直し、鼻先を前肢の上に置くように整える。こんな不正分娩などは初歩のものであるが、とにかく経験のあるよい獣医師に助産してもらう方がよい。

子牛が順調に母牛から生まれ出たときには、母牛には、温かい小麦麬の粥2ℓ位に、食塩を少々混ぜてやり、まだほしがれば、温かい湯を手樋（おけ）1杯飲ませてやる。自動給水カップは止めておかぬと、冷たい水を飲むことがあるから忘れないように。また母牛が湯を飲みたがれば、後産が出るまで飲ませてやる。寒いときには毛布を母牛に背に着せて、後産がおりるまで続ける。子牛の臍帯の切れ目はヨードチンキで消毒する。これ以上の子牛の取扱いについては、子牛の育成の項で述べることとする。

乳房の4分房とも各乳頭から4～5回位ずつ搾ってやる。それ以上は生まれた子牛が飲むまでそのままにして搾らない。初産の若雌牛は分娩して12時間経てば、乳房にたまっている乳を搾ってしまってもよいことがあるが、2産以後の乳は、乳房があまり張って苦しそうならば搾って、張りをゆるめてやる程度にし、分娩後24～36時間は全部乳を搾ってしまわない方がよい。これより早く搾り切るとか、また分娩直後搾り切ると、乳熱を起こしがちである。特に能力のよい牛はかかりやすい。

分娩後温かい小麦麬の粥を食わせたらば、その後12時間は、牛は飼料をほしがらないものであるが、もし食いたがれば、もっともよい乾牧草をいくらかやった方がよい。12時間経てば、水に漬けて湿したビートパルプと小麦麬を少し食わせ、これを2日間続ける。2日すれば子牛を母牛から離す。分娩後3日すれば母牛の乳も普通によくなってくるから、搾乳牛群の牛舎につれていき、この乳期の重労働をさせることにする。

乾乳中の牛のことと分娩時の手当てについて細々と述べたが、多年の経験から得た手当て法であり、またこの方法で2,000頭も犢を産ませ、分娩という危険な時期を無事に過ごさせることができたから、ついくわしく述べることになった。乾乳中の牛の飼養、取扱いの心配、分娩時の注意の大切なことは、いくら大切だと念を入れても、入れ過ぎることはない。次の1ヵ年間の乳期の大任を果させるように、できるだけ完全な状態にして、搾乳牛舎へ送り込みたいと思うからである。

7　乳期中の飼養法

搾乳牛舎に連れてきても、2～3日間は濃厚飼料をごくわずか食わせておかなければならない。乾牧草は食べたいだけやる。乾牧草のほかは濃厚飼料1.5ポンド（675g）につきトウモロコシサイレージ、またはビートパルプを1ポンド（450g）程度軽く食わせる。それからだんだん水気の多い粗飼料を増していくが、それは乳量の増える程度と、牛が飼料を食う食いぶりをよくみて、よろこんでうまそうに食うようならば増していくとよい。

しかし、いくら食いたがっても、いかに乳を多く出しても、濃厚飼料をどんどんうまそうに食っても、その牛に食わせるもっとも多い分量を食わすには、十分な時間をおいてやるようにしなければならない。このころに飼料をよろこんで食わなくなったら大変なことになる。元来この時期に食いたがるのは普通であるから、食いたがるといって、おもしろいほど食う、乳もますます増えるといってやり過ぎて、よく食滞を起こすことがある。そうなったら大変である。

乳牛というものは、濃厚飼料を食うことには、もう食ってはいけないという自制する力が弱いから、やればどんどんいくらでも食う。しかし記憶しておかなければならないことは、ラバを飼っているのではないということである。ラバはいい加減食えば、いくらやっても食わない。しかし乳牛はそうでない。それで、その判断は酪農家が代わってやってやらなければならない。

それでは、いくら食わせたらよいか、いつ食わせたらよいかといえば、決まったむずかしい規則などあるものではない。経験に富んだ飼い付けをする人は、1頭ごとにそれぞれ違う必要な分量について判断を持っている。2頭として同じ牛はない。このことをよくわきまえて、分娩後日の経たない牛には、濃厚飼料は気をつけてやらなければならない。

1頭ごとに飼料の分量が違うということは、乳期中、いつでも1頭1頭別々な注意が必要であるということである。もっとも成功しているブリーダーは、自分の乳牛群のことで頭がいっぱいであるが、特に給餌のときは乳牛1頭1頭に集中する。気骨が折れる。給餌と給餌との間は少しのんびりした気分になる。酪農家は牛を見る習慣がついているから、自分の牛にちょっとでも普通でないことがあるとすぐわかる。

牛の給餌を上手にやる人は、乳牛に食滞を起こさせることは、大概ない。それは最初に飼料を選び、乳牛をよく注意して見ていて、濃厚飼料の分量がほぼ十分になるときを予め見きわめておくから、食い過ぎをさせないうちに日々の量を減らしていく。こうして給餌する人は分娩した牛を受け持って、気をつけて飼料を与える。

そして次第に飼料を増して、分娩後普通3～4週間してから、濃厚飼料のもっとも多い分量をやるようにする。そしてその乳期の乳量の変化によって、徐々に減らしていく。このように注意して1頭1頭、何年も何年も続いて多く乳を出させるようにする。

8 濃厚飼料の食わせ方

私が管理しているホルスタイン牛の牧場、オーバーブルーク牧場で、搾乳牛にやる濃厚飼料の食わせ方は次の通りである。

分娩して3日経てば搾乳牛舎に入れる。その日から1回の給餌に濃厚飼料を1.5ポンド（675g）ずつ1日3回、計4.5ポンド（2,025kg）食わせる。ただし2歳の若雌牛で初産牛には、1回1ポンド（450g）1日3ポンド（1,350g）以上は食わせない。それから2～3日経って牛の体が回復して、濃厚飼料をこれよりたくさん食ってもよいとみたら、濃厚飼料をときどき半ポンド（225g）増して、その結果を見る。よければまた折々1回に半ポンド（225g）ずつ増して、最も多い量まで増やしていき、乳の増す工合で判断し、手加減をする。

濃厚飼料の最も多い量をやるのは、分娩後約3週間後になるのが普通である。最も多い量といっても、非常にたくさん乳の出る牛で、1日に普通17ポンド（7.65kg）である。この量は1日3回搾りで乳量75～90ポンド（33.8～40.5kg）〈34.2～40.5ℓ〉の牛にやる分量である。

もし乳量が90ポンド（40.5kg）以上になると、初めて1日に20ポンド（9kg）食わせるが、20ポンド（9kg）以上は、乳がいくらたくさん出ても食わせない。そして乳量が90ポンド（40.5kg）以上になっても、100ポンド（45kg）台にならない限り、漸次濃厚飼料を減らして1日17ポンド（7.65kg）に戻す。このように濃厚飼料を少なくして、牛に無理をさせないようにしているのである。

私の牧場では、1ヵ年は成牛と若牛を合わせて年間の分娩牛が約100頭であり、そのうち1日の乳量が100ポンド（45kg）近くから100ポンド（45kg）以上の牛が、約12頭いるから、これでよいと思う。

実はこれまでは、7日間、能力検定牛には年によっては乳牛1日1頭当たり濃厚飼料を24ポンド（10.8kg）以上も食わせていた。また高等登録牛の能力検定で、1ヵ年乳脂量1,000ポンド（450kg）以上の好成績を得るために、ある牛には1ヵ年検定期を通して1日平均濃厚飼料24ポンド（10.8kg）も食わせたものであった。しかし、このように無理に食わせた牛は、あまりにも多く廃牛になった。これにこりて、そんな馬鹿げたことはやめてしまった。今では、濃厚飼料を少なくやって、普通によい成績だという能力で、何年も何年も長い間、その能力を続けるように牛を養っている。

オーバーブルーク牧場で優良牛といわれる、年間乳脂量650〜800ポンド（292.5〜360kg）の能力の牛には、濃厚飼料を1日17ポンド（7.65kg）まで増やしていって、その量を続け、1日乳量65ポンド（29.3kg）〈約29ℓ〉以下に減れば、1日の濃厚飼料を1.5ポンド（675g）減らして15.5ポンド（6.98kg）とする。それから乳量が減って、つまり乳期の終わりに近づいて、乳量が40〜50ポンド（18〜22.5kg）〈約18〜22.5ℓ〉になると、濃厚飼料を1日10〜12ポンド（4.5〜5.4kg）にする。

以上がオーバーブルーク牧場の経産牛の、優良組にやる濃厚飼料の分量である。能力があまりよくなく、分娩後最も多く乳の出る時分に、1日3回搾りで60〜65ポンド（27〜29.3kg）しか出さない牛には、濃厚飼料は14ポンド（6.3kg）以上やらない。そして、乳量50ポンド（22.5kg）になれば濃厚飼料を10.5ポンド（4.73kg）に減らし、さらに乳量が減れば、さらに濃厚飼料を減らす。このクラスの牛は、乳期末の乳量が1日35〜40ポンド（15.8〜18kg）だから、濃厚飼料は１日８ポンド（3.6kg）位やっておくのである。

２歳の初産牛には、分娩後３日経てば、濃厚飼料を１回１ポンド（450g）ずつ１日３ポンド（1,350g）やり始め、成牛よりもゆっくりと増やしていき、だんだん最高分量まで増やす。初産牛は、物食いはどうかをよく見ておく必要がある。初産から食いぶりや食い込みの具合をよく見ておくと、成牛になって濃厚飼料をやるときのよい案内になる。

初産牛の濃厚飼料をいつ増やしてよいかは、1.乳房の様子、2.乳量、3.濃厚飼料を食う様子、などをよく見て、乳房が分娩時の発熱のために、ひどく固くなっているとか、まだどこかに固まりがあるようなときは、それがやわらかくなるまで、濃厚飼料を増やさず、それで止めておく。しかし、これは手加減のむずかしいことで、飼付けする人と搾乳者の判断によって、決めなければならないことである。

２歳の初産牛は普通、分娩後４週間で濃厚飼料のもっとも多い分量13ポンド（5.85kg）をやるようになる。このころ優良組の初産牛は、１日乳量60～65ポンド（27～29.3kg）を出しており、濃厚飼料を13ポンド（5.85kg）食っている。まれには１日70ポンド（31.5kg）〈約31.5ℓ〉も出すよい牛があるが、そのときは濃厚飼料を１ポンド（450g）だけ増やしている。

過去２ヵ年間、初産若雌牛の能力60～65ポンド（27～29.3kg）の牛は、4～5頭に１頭の割合であった。残り７割５分～8割は１日乳量50～55ポンド（22.5～24.8kg）であり、50ポンド（22.5kg）にならない牛は2～3頭であった。これら50ポンド（22.5kg）台の初産牛には、濃厚飼料を10.5～12.0ポンド（4.7～5.4kg）やり、その食いぶりと乳の出方で、分量を加減した。これらの牛は乳期末の乳量が約35ポンド（15.8kg）位になり、濃厚飼料は９ポンド（4kg）やった。

昨年は2歳初産牛は40頭〈自家産〉であったが、平均乳量15,000ポンド（6,750kg)、乳脂量500ポンド（225kg）であった。わがオーバーブルーク牧場の濃厚飼料のやり方は、1.搾乳表、2.濃厚飼料の食いぶりを見て食わせるやり方である。オーバーブルーク牧場の飼い方は多年の経験で学び得たもので、かたぐるしい、融通の効かない基準はない。濃厚飼料の分量は、乳量にてらして決める。最も多い分量以下で、よさそうな分量に近い量をやることにし、牛の様子を見て食わせている。

そうはいうものの決してでたらめではない。大体の基準はある。搾乳牛全部の乳量と濃厚飼料を、たびたび計算してみたが、ホルスタイン牛の出す乳で、4.5〜4.6ポンド（2,025〜2,070g）につき濃厚飼料1ポンド（450g）食わせたことになっている。これがわが牧場のまず一般的基準といえよう。

もちろん牛によって違うから、これは、給餌する人の判断によるものである。基準量より多少少なくても、牛が良い結果を出せるかどうかを、飼料を給餌する者がよく判断して食わせることにしている。基準によらずやるには、1.乳量、2.乳牛の肉付き、3.食いぶり、4.元気、5.分娩後何日経っているか、6.受胎後何日になったか、などの事情により判断して濃厚飼料を加減する。

ホルスタイン乳牛の濃厚飼料の食わせ方は、他の品種にもよい手引きになると思う。しかし、食わせる濃厚飼料の分量についていうのではない。ホルスタイン牛は、飼料を多く食い、平均乳量も多い。しかし乳脂率は低い。そのため他の品種は1頭についての飼料は少ないが、乳脂率が高いから、単位乳量については多くの濃厚飼料を食うことになっている。

乳牛にうまく、かつ割安に飼料をやろうとしても、乳量と乳脂率がわからなければできるものではない。搾乳牛舎の壁にかかっている搾乳表をよく見て、濃厚飼料をやって成功してほしい。乳量を量る秤は、買うなり、借りるなり、なんとしても備えて搾乳の都度、1頭1頭に記入するのがよい。そうすると濃厚飼料を食わせるのに一番よい案内者〈搾乳表〉ができる。濃厚飼料の分量はこれくらいでよいだろうと、あてずっぽうにやってはいけない。必ず1頭1頭ごとに量ってやるのがよい、と私は結論する。濃厚飼料をやる一般的原則は次のようなものである。

乳脂率3.5パーセントの乳を出す牛では、乳量4.5ポンド（2,025g）につき濃厚飼料1ポンド（450g）食わせる。

乳脂率4.0パーセントの乳を出す牛では、乳量4ポンド（1.8kg）につき濃厚飼料1ポンド（450g）食わせる。

乳脂率4.5パーセントの乳を出す牛では、乳量3ポンド（1,350g）につき濃厚飼料1ポンド（450g）食わせる。

濃厚飼料は、1頭ごとに量ってやることを、くり返しつけ加えておく。

以上述べたことは、一般の基準であるから、私がオーバーブルーク牧場でやったように、加減しなければならない。オーバーブルーク牧場の濃厚飼料のやり方は、乾乳中の牛にやる濃厚飼料と、ビートパルプに乾燥した醸造粕を加えたものである。大体の配合割合は次のとおりである。

エン麦を砕いた粗粉	400ポンド（180kg）
黄色トウモロコシの細粉またはホミニー	200ポンド（ 90kg）
小麦麬	200ポンド（ 90kg）
乾燥醸造粕	200ポンド（ 90kg）
旧式圧搾アマニ粕	100ポンド（ 45kg）
マンアマー	100ポンド（ 45kg）
食塩	12ポンド（5.4kg）

乾燥醸造粕には、水に漬けて湿したビートパルプに糖蜜をかけて混ぜておく。

粗飼料の食わせ方についてもふれておこう。ここで述べる粗飼料のやり方は、他の品種にも応用できる。しかしホルスタイン牛は、多く食って乳を多く出すものだということを、頭においてやることが必要である。

私の経験では、一般的にいうと、よい粗飼料をやって、乳牛がさもうまそうに食ってしまうだけの分量をやる主義をとっている。ここでよい粗飼料というのは、アルファルファの乾草と、よいトウモロコシのサイレージのことをさしていっている。

オーバーブルーク牧場では、1年を通して十分食わせるだけのトウモロコシのサイレージをつくれないから、やむを得ずサイレージの分量を制限し、その代わり水で湿したビートパルプを食わせている。

粗飼料の質は、どの品種でも、乳を生産するには大切な役目をなすものである。粗飼料が悪ければ乳量は減るものである。最も多くの乳量を出させようとするには、最もよい粗飼料をやって、初めてできるものである。よい粗飼料が得られぬからといって、濃厚飼料の質をよくし、分量を増しても、決してその欠点を補うことはできるものではない。

濃厚飼料の役目は、われわれの使う粗飼料の中に欠けている養分を、できるだけ補うためであるにすぎない。

乳牛は、自然の草地ではほとんど粗飼料だけを食って生きている。乳牛に粗飼料をやるのは、乳牛が食えるだけ粗飼料を食わせて、その中にある栄養分を利用させたいためである。なおありがたいことには、粗飼料の中に含まれている栄養分は、買い入れた濃厚飼料の中の栄養分より割安であるということである。

9　夏季中の飼料の食わせ方

放牧地の青草は価格が安い。放牧地の草生が茂っているときには、そこに放牧している乳牛は、たくさん乳を出す牛でも濃厚飼料はごくわずかでよい。乳をたくさん出さない牛は、濃厚飼料はやらなくてもよいときがある。しかし放牧地の草生がよい時期はごく短いから、一般にいって放牧地に放牧している乳牛も、いくらか濃厚飼料を食わせた方が、乳の出も増え、儲かるものである。

放牧地の草は、化学分析で表れる栄養成分から見た以上に栄養価値があり、乳を出させる力を持っているものである。これは乳牛の体の中に蓄えられている養分をぬきとって、乳の方に出すということになるかも知れない。それで放牧している牛が、しばらくの間たくさん乳を出していたのが、だんだん肉付きが悪くなって痩せてきても乳を多く出し、その後乳量がぐっと減ってしまうことをたびたび見るが、この牛たちは、放牧中だといって、濃厚飼料を少しもやらなかったものである。

そこでこれは大変というので、そうなってから初めて濃厚飼料を食わせてみても、なかなか成績がよくならない。もと出ていた乳量にはならないものが多い。この場合、濃厚飼料をやるのが間違いではなかろうが、濃厚飼料をあまり長くやらず、放牧にのみに頼り過ぎたためではなかろうか。それだから、放牧中の牛でも食欲によく気をつけていて、草生が少し悪くなったなら、濃厚飼料をやらなければならないのではないかと、食いぶりを見て判断することが大切である。

放牧中の乳牛の、濃厚飼料の食わせ方の基準は次の通りである。

乳脂率4.0パーセント以下の乳を出す牛には乳量6～7ポンド（2.7～3.2kg）に前述の濃厚飼料を1ポンド（450g）、1日乳量50ポンド（22.5kg）か、またはそれ以上出す牛でも乳量5ポンド（2,250g）に濃厚飼料1ポンド（450g）の割合でやればよい。乳脂率4.0パーセント以上の乳を出す乳牛では、乳量5ポンド（2,250g）に濃厚飼料1ポンド（450g）の割合でよい。

そして1日乳量40ポンド（18kg）近く出す牛には、乳量4ポンド（1.8kg）に濃厚飼料1ポンド（450g）の割合に食わせればよい。放牧地に放牧している乳牛の食う栄養分は、どれ位がよいかははっきりしないが、たいがい濃厚飼料をやってみて、乳牛の食いつき、食いぶりで、濃厚飼料をどれ位やればよいかを判断しなければならない。放牧中の乳牛に濃厚飼料をやれば、普通の場合は儲かり、また牛の健康のためにもよい。普通の草生の放牧地に放牧中の乳牛にやる濃厚飼料は、可消化蛋白質の14～15パーセントのものがよいと思う。

10　放牧中の乳牛に補ってやる粗飼料

放牧中の乳牛に、濃厚飼料を食わせるのは得だといっても、放牧地の草丈が短くなって、その不足した栄養分を、全部濃厚飼料で補うことが得だとばかりはいえないことがある。そのときにはトウモロコシのサイレージ、青刈り飼料、または乾牧草などの粗飼料で補った方がよいこともある。

酪農家は冬季中舎飼いしている間、必要な乾牧草を用意しておくことは、もちろん必要であるが、なお放牧中でも夏季草生が衰え、青草が不足するのを補うために、乾牧草とサイレージを用意しておくと大変利益がある。夏季の青草不足を補うために、青刈り飼料を刈って食わすのは、人手の都合で得でない場合があるから、サイレージの方がよいようである。

そのときサイレージも乾草もなければ、青刈り作物を用意しなければならない。それには初夏用として青刈り用ライ麦、または青刈り用小麦をつくっておき、これに続いてエン麦—エン麦とエンドウの混播—ヒエ—スーダングラス—青刈り用大豆—カウピー（ササゲ：牛の飼料）—青刈り用トウモロコシを栽培しておくか、またよい作物を輪作して、次々に刈って食わせるようにしなければならない。夏季中、粗飼料を食わせるために放牧地の手入れの方法が進んで〈肥料をやり〉、放牧する区域を次々に替えるなどして、うまくやっているところが多くなった。

いうまでもなく放牧地には、乳牛がいつでも飲みたいときに、飲みたいだけ飲めるように、清らかな新しい飲料水を備えておかなければならない。天然の泉水や水の流れがないときには、樋（とい）またはポンプで、水飲み場に水を満ち溢れさせておかなければならない。

乳を搾って儲けるためには、夏季放牧中でもほうっておかず、冬季舎飼いと同じようによい飼料を食わせ、ていねいに取扱ってやらなければならない。自然界はありがたいもので、春から秋にかけて草を生やして酪農家を助けてくれ、放牧で手間が省けるが、そうかといって、自然に任せ過ぎて酪農家が手を少しもかけないでいると、罰が当たる。酪農家は必ず、自然界の要求する夏季草生の衰える場合は、これを補わなければならない。また夏季に困るのは蠅である。しかしよい蠅殺しの噴霧器ができているから、それを利用するのがよい。

11　どんな飼料を買わなければならないか

もっとも割安に牛乳を生産するには、たいていの酪農家は、必要な粗飼料を全部自分でつくり、また穀物の大部分も自分でつくっているから「買い入れる飼料はないか」「どんな飼料を買い入れたらよいか」ということになると、まず自家の穀物の、乳牛に食わせることのできるものの性質と分量によって違ってくる。

しかしたいていの場合、買い入れる濃厚飼料は何かというときは、自分の農場でできた粗飼料の蛋白質の量で違ってくるものである。

粗飼料は次の３種類に分けることができよう。

1.蛋白質の多い粗飼料。2.蛋白質の中等の粗飼料。3.蛋白質の少ない粗飼料。その実例として、１の部類はマメ科の作物で、アルファルファ乾草、大豆の青刈乾草、クローバ類の乾草であるが、この部類のよい乾草を十分持っているときには、粗蛋白質の含有量16パーセント以上の濃厚飼料は必要ではない。多分12～14パーセントの蛋白質〈質がよければ〉含有量の濃厚飼料で間に合うだろう。

２の部類の粗飼料として、マメ科乾草とトウモロコシのサイレージを十分に食わせるときには、粗蛋白質18～20パーセント以下の濃厚飼料でよい。しかし２つの粗飼料の割合によることはもちろんである。

３の部類でマメ科のものはまったくなく、トウモロコシサイレージとチモシーの乾草のみの場合をいう。このときには、濃厚飼料は粗蛋白質22～24パーセントのものが必要になってくる。

しかしこの場合、自分の畑でできた穀物がなければ、自分の畑で取った粗飼料のみを土台にして、濃厚飼料を考えなければならない。またいくぶんでも自家でできた穀物があれば、それと混ぜるものを探せばよいから簡単である。

その穀物がトウモロコシ、エン麦、大麦のように、蛋白質の含有量が少ないものならば、それと混ぜるには蛋白質26～30パーセントの濃厚飼料を買い入れなければならない。しかし最近は、蛋白質含有量のもっともっと多い、大豆のような作物がつくられるようになってきた。

蛋白質の多い穀物と完全な粗飼料を持っているときには、自然に含まれている鉱物質だけを補えばよいようになると思う。どんな濃厚飼料を買ったらよいかなんて、むずかしい融通の効かない規則などありはしない。いかに分析の結果は同じでも、酪農家は長い経験から、濃厚飼料というものは１つ１つ違っていて、同じ結果を出すものでないということをよく覚えている。

濃厚飼料の中に含まれている成分の質は、食わせてみての結果から見ると、分析によって保証されている成分の説明とはまるっきり違うこともあり、また種々の濃厚飼料について保証されている蛋白質の含有量は、事実同じであっても、その元の材料が違っていれば、その蛋白質の特性によって、ある濃厚飼料は、食わせてみた結果は他の濃厚飼料より勝っていることもある。

同じ商品名の濃厚飼料でも、その配合の具合は、成分の価格の変動によって手加減をするから、食わせてみると成績が違ってくることがある。だから、配合の割合と成分の性質〈それをとった元の材料〉がいつも同じ濃厚飼料が、最も信用できるわけである。濃厚飼料製造会社の多くは、そこの濃厚飼料についての説明書は信頼してよいが、ときにはその説明が過大なことがあり、また誤解を招くようなものもあるから、なるべく、使ってみてこれならよいと自信がついてから、大掛りに使う方がよい。

濃厚飼料の試験は１週間や１ヵ月くらい食わせてみた程度で、とやかくいうべきものではない。長い間試験してみて、乳牛の健康に異常がなければ、初めてその飼料のよいことがわかるから宣伝してもよい。

今の濃厚飼料では、蛋白質が何パーセント含まれているとのみ保証されているだけであって、食わせて乳牛の健康にどういう結果が起こるかということを保証しない。今のところ、売っている濃厚飼料の特性、品質、牛の健康に及ぼす影響ということがらについては、なんら知る方法がないから、酪農家自らの力で判断するよりほかはない。

12　濃厚飼料の価格

濃厚飼料の価格は、酪農家にも飼料業者にも大切な問題である。飼料業者が商売を続けていくには、お得意さんが乳牛に食わせてみて、他の飼料より成績がよく、価格も割安だといってよろこんで続けて買ってくれて、初めて同業者との競争に勝っていけるのであるから、実際に乳牛に食わせた結果が問題である。

そして飼料業者は、この仕事で正当な儲けがなければならない。しかし、それは飼料業者のことである。酪農家としては、それを食わせてもっとも多く純益をあげ、できるだけよい成績を得なければならない。

よい特性を持った上等の濃厚飼料は、価格も高いがそれだけ値打ちもあるので、濃厚飼料 100 ポンド（45kg）につき、最も安いという濃厚飼料を食わせてみると、その結果からいえばもっとも高かったということがありがちである。

しかし安い濃厚飼料は、必ずしもみな悪いとは限らない。現在のところ酪農家は、濃厚飼料を買ってどうにか間に合っていると見える。

13　濃厚飼料の中にいわゆる特殊養分を加える必要性について

前に述べたように、濃厚飼料の価格とその含んでいる蛋白質の量は、買う酪農家も、また業者も、等しく心配していることであるが、今では業者を信用するようになってきたから、それだけ製造人と販売人は責任が重い。酪農家が苦い目にあって初めてわかったことは、配合されているという決まり文句の成分と、それ以外のものを含んでいなければならないということである。

今日、明らかにされている配合の割合とか、秘密にされていることがらはどうでもよいが、濃厚飼料には、蛋白質がうまくつり合いがとれていて、いわゆる特殊養分というべき成分と、自然に動植物のなかにある鉱物質とビタミンを含んでいるという保証をしてもらいたい。

どの業者も、これらの成分を、その濃厚飼料の中に含ませているといいもしないし、また含んでいないともいわないが、ただ私の経験からいうことのできるのは、飼料業者の説明どおりのこともあるが、またそうでもないものもあるということである。

特殊養分というものは、酪農家のもっとも大きな成功につながるのはもちろん、飼料業者にもなくてはならない大切な飼料の成分であるということを、私は固く信じ、衷心より諸君に申し上げるものである。特殊養分を濃厚飼料に加える方法手段には、相当議論もあろう。

またこれらの特殊養分を得る方法に、あるいは一致しないことが起こるかもしれない。しかし、とにかくこれまで長い間悩まされていた、乳牛の多くの故障をまぬがれたから、酪農業のために貢献したことは確かである。

14　特殊養分を乳牛に食わせた
オーバーブルーク牧場の経験

私は1923年の4月にオーバーブルーク牧場に来たが、その前には、ミズーリ州とニュージャージー州の酪農家拡張専門技術員として、地方の酪農家に、乳牛の飼料は何をどうして食わせればよいと、いって歩いたものであった。その結果、酪農家はその当時もっとも新しい知識を吹き込まれ、酪農家の乳牛の飼い方は著しく進んだ。

しかし、私自らがオーバーブルーク牧場で２年ほど実際にこれをやってみた。ところが、どうもそれだけではもの足りないものがあるようだ。牧場では数々の故障が相次いで起きた。近くの他の農家にもまた同様のことがあるのを見た。蛋白質も純エネルギー価もつり合いのとれた濃厚飼料を、十分に食わせた。またもっとも優れた獣医師の手当てもした。注意して衛生上の手段もやった。上等の粗飼料も食わせた。とにかくよいということは、全力を尽くしてなんでもやってみた。

おかげで乳量はだんだん増えてきた。われわれの事業は成功したと考えられた。しかし、うち続く牛の故障のために、後から後から死ぬ乳牛が増えて、われわれの事業の効果をそぐこと、おびただしいものがあった。それであらゆる方法を尽くして、死ぬものがないように一生懸命やってみた。そしてそのかいがあった。

もともとオーバーブルーク牧場には放牧地が全然ないから、乳牛群は年中牛舎内に閉じ込められているようなものがあった。また青刈り飼料はほんの申しわけに与えるあわれな飼い方をしていた。それでも牛を毎日運動のために舎外に出していた。このような、むしろ普通でない乳牛の飼い方をしていたから、いろいろな故障で牛が死ぬのは当たり前だといわれた。しかし私は残念でたまらないから、乳牛から離れずに見ていた。見れば見るほどますますほかの原因ではない。飼料のなかになにか大切なものが欠けているのではないか、という考えが強くなってきた。

少なくとも、死んだり故障が起こるのは栄養分が欠けているから起こるものだという考えが、だんだん熟してきた。それならどうしたらよいか。私はニュージャージー州立大学の卒業生であるから、まず州立大学の農事試験場に駆けつけて教えを請うた。ところがその答えはどうも腑に落ちない。それでも試験場員は栄養学の知識は進んでいるから、この問題を解決するには、飼料中の鉱物質でなんとか工夫したらよいのではないかといってくれた。

そこで、はてなと思い当たる点もあったから、骨身削る思いをして調べた末、気がついたことは、ニュージャージー州には、うまくやって大変儲かっている養鶏業者が多い。そして近くの養鶏場では、鶏の死ぬのを防ぐために、自然界にある動植物に含まれている鉱物質とビタミンをたくさんやっていることを発見した。しかし牛の胃は4つあり、鶏には素嚢（そのう）と砂嚢（さのう）があって、それぞれ消化の仕方が違っていることを知っていたが、消化ということは同じであるということはその時にはわからなかった。

しかし乳牛は乳、鶏は卵を産むところをみると、どうもそこに似ているものがある。鶏は毎日雛（ひな）になる卵を産んで繁殖し、牛は1年に1回子牛を産む。雛になったものは、卵の中で完全な栄養分をとるように、卵の中に栄養分が蓄えられている。牛は乳を出して新たに生まれた子牛を育てる。自然の摂理によって、子牛の発育に必要な栄養分は、乳の中に完全に備わっていてうまく育っていく。

こう考えるとき、乳牛も鶏も同じ形をとり、同じ働きをしている。それで鶏の栄養に必要なものは、乳牛もまた必要だといえるものだと考えた。また、必要な栄養分が足りなければ、自分の体からそれをぬきとって子牛を養っていることもわかっている。なお乳牛も鶏も改良されて、もとの能力よりも10倍も多く卵や乳量を出すようになった。私は雛の育て方を気をつけて見ているうちに、とてつもない、すばらしい成績のあげる補助養分のあることを知った。それは海から取った海藻と魚粕であった。

これは海洋の塩水の中に含れている鉱物質と、ビタミンを持っている。また魚粕にはいろいろな魚類が含まれているから、蛋白質も、もっともよいものが揃っているといい得るのである。私はそのときには、その海産物が乳牛にどんな働きをするものかをいえなかった。

しかしこの海産物こそ、わが牧場の牛の故障を救ってくれるものだという意見であった。

さて、わがオーバーブルーク牧場では、乳牛全部にこの補助飼料（「マンアマー」という商品名で市販されている）を食わせ始めた。前にもいったとおり、1923年以来1929年まで6年間、私たちは牛の故障と闘いぬいてきた。衛生のこと、獣医師の手当てなど、いたれりつくせりのことをやった。粗飼料、濃厚飼料などはほとんどすべて買い入れたものであり、かつもっともよいものであった。それにもかかわらず、牛の故障は絶えなかった。この点では何の改良進歩もなかった。ある年には分娩した牛の半分は後産が停滞した。受胎するのに手間がかかった。乳牛がたくさん死んだ。若雌牛は何回種付けしても受胎しないものが出てきた。乳房炎は多くなった。

それにもかかわらず、泌乳能力はよくなってきて、また平均能力もよくなってきた。しかし死ぬ乳牛が多くて、生まれる雌子牛を全部育てても搾乳牛を補うことができなかった。過去8年間の様子と今日をくらべて、なんというひどい違いだろう。

オーバーブルーク牧場では、1929年の暮れから今日まで10年間この特殊養分を食わせている。1929年以前とその後とくらべて、飼料も取扱いもなんの変わるところはなかった。ただ変わったのは、濃厚飼料にこの特殊養分を加えて食わせたことである。今ではほとんどあらゆる点で健康状態は上々であり、なんの心配もない乳牛群となることができた。ほんのたまに後産停滞の牛が出るが、受胎率はよくなった。

乳牛群全体としては乳量が増した。乳牛1頭当たりの乳量も増した。1923～1924年には乳量12,000ポンド（5,400kg）〈約5,400ℓ〉位であったものが、6ヵ年後には13,000ポンド（5,850kg）以上にもなり、1929年〈この特殊養分を加えた年〉以降は増加して、1938年には搾乳牛全部平均1頭16,172ポンド（7,277.4kg）〈約7,200ℓ

強〉となった〈搾乳牛70頭、アメリカ・ホルスタイン・フリージアン協会乳牛群改良検定成績〉。

また、1934～1938年の5ヵ年、搾乳牛年74頭ずつの成績で、1頭当たり乳量16,048ポンド（7,221.6kg）、乳脂量527ポンド（237kg）であった。それはいったい何が効いたのか、はっきりわからないが、つもりつもって効いたものとみえる。私は特殊養分を食わせたからといいたい。それはなぜか、1927年に特殊養分を加えてやり始めたことが、このよい成績となって表れたのである。このことは誰がなんといおうと否定できない。オーバーブルーク牧場の、さしもの牛の故障もなくすることができたのだ。

ある人々はこの特殊養分をとやかくいうそうであるが、オーバーブルーク牧場で成功したのは、争えない事実である。

オーバーブルーク牧場の乳牛1頭平均乳量

〈1933－1942年の10ヵ年の成績、アメリカ・ホルスタイン・フリージアン協会乳牛改良検定成績〉

年　次	頭数	乳　量（ポンド）	乳脂量（ポンド）	年　次	頭数	乳　量（ポンド）	乳脂量（ポンド）
1933　年	89	13,717	461.8	1939	79	15,910	548.8
1934	77	15,796	516.0	1940	76	15,993	556.3
1935	74	16,156	522.4	1941	81	16,046	551.6
1936	75	16,184	532.6	1942	76	16,523	572.8
1937	73	15,936	520.1				
1938	70	16,172	546.4	10年平均	77	15,802	532.4

注）私たちオーバーブルーク牧場の者は、過去16ヵ年の経験で、海から取れた補助飼料中に含まれている大切な養分のおかげがなかったら、このようなよい成績は得られなかったものと思っている。

この表で見ると、特殊肥料の養分が役に立たないとはいえない。しかし、このように能力がよくなったのは、①もっともよい種雄牛を使って能力を改良したことも1つの原因であり、②淘汰をきびしくして、能力の劣る牛をどしどし淘汰したことにもよるだろうし、③搾乳牛にはよい飼料とよい扱いをしたことにもよるだろう。しかし、なんといってもよい能力を出すには、乳牛が丈夫でなければならない。
　さて、乳牛群の健康というものが、乳牛群の能力のよいことに大変関係があり、健康が悪ければ万事終わりである。わがオーバーブルーク牧場は、健康がいかに大切であるかというよい証明材料である。1929～1930年以後、牛が丈夫になって、改良された能力を搾乳牛全部が十分に表すようになった。それまでは丈夫でなかったから、せっかく改良された能力も、十分その成績に表すこともできなかった。
　私は一時は海産特殊飼料について疑いをいだいていた。以上のようなよい成績を得てもなおまだ疑いを持っていた。私はものごとを研究するということをよく教えられていたから、これはどこにどういう効き目があるかと、それを見いだそうと努めた。その結果、それは特殊な養分であると判断した。
　オーバーブルーク牧場の経験で、私は乳牛の濃厚飼料にこの特殊養分を加えれば、酪農家は大変に幸福な生活ができ、また製造業も自然に幸福を増すものであるという確信を得た。私はマンアマーがこれらの特殊養分の全部を含んでいるといって、肩を持つものではない。このマンアマーのことをいうのは、ただ長い間オーバーブルーク牧場でこれを使って、特殊の鉱物質とビタミンを補ってくれたということをいったにすぎない。
　さて、マンアマーに特効があるといっても、奇術を使うようなものではない。マンアマーは強壮剤でもなければ、また専売特許の薬剤でもない。飼養法の改良手段であり、これまでの濃厚飼料を食わせることによって起こった欠点から出てきた故障を取り除くには、相当長い間かかった。オーバーブルークの検定成績を、よく見てほしい。
　この特殊養分を加え出してからも、おいそれと驚くほどの成績が表れていない。ようやく2ヵ年後になって、初めてこれまであった乳牛の故障がやや少なくなってきた。これは、長い間つみ重ねた結果、効き目が表れたのである。乳牛の故障が減ったほか、消化がよくなって、いよいよ丈夫になってきた。私の見るところでは、消化がよくなって濃厚飼料の栄養分の消化が進んできた。

例えばトウモロコシサイレージのうち、トウモロコシのよく実が入った粒は、これまでは不消化のまま糞に出たものであったが、今ではたまにしか出てこなくなり、また便秘する牛が少なくなった。たまには不消化の牛も出るが、それも糞がゆるくなるくらいのもので、今では糞がみなよくなった。私の意見では、オーバーブルーク牧場の状況は、完全というまで改善されたとはいえない。実はなかなかその域に達しない。以前はひどい故障のために死ぬものが多かったのが、今ではそれが減って、これまでにくらべてここ数年間の成績が、ややよくなったというくらいのものである。

前にもいったように、この方法は奇術ではない。また酪農家個人の力でもない。乳牛を扱う牧夫がよくて、取扱いがまじめで、親切であることが成功のもとであった。飼養の方法も十分であり、衛生も大切である。獣医師の手当てもあるし、伝染病の予防もおろそかにしてはならない。私の今までよりも完全な栄養計画といっても、今まで知られているよい取扱いを、1歩だけ前進させた位のものにすぎない。私の特殊養分を食わす方法は、乳牛群改良の方法を全部、最大に利用する鍵を授けたものであって、乳牛の本当の改良進歩はこれからである。

どんな飼養の注意でも、また規則でも、千差万別の牧場の事情では、そのまま応用できるものではない。酪農家は自分の判断でよいところは採り、都合の悪いところは捨ててもらいたい。とにかく私のいったこの原則を用いるならば、得るところが多いと思う。種々の理由で、私のいうことを全部用いることはできないかもしれないが、原則を全然用いなければ十分に成功しないだろう。また得られる利益も得られないだろう。

私が以上の報告記事を書いてから4年経った。しかしもととなる私の考えは、今もそのまま用いてよいとみている。この本が出版されてから、もっと完全な養分を、濃厚飼料は含んでいなければならないといい出した。私の考えた方法を参考として、飼料製造所で配合するものが出てきた。そして多くの商標の濃厚飼料が、後から後からできてきた。私は日々の用務が忙しいので、それらについてはよく知らない。そして今の第2次大戦のために、アメリカの東北各州では濃厚飼料の事情が悪くなり、また毎日変化しているから、どんな濃厚飼料が手に入るか、わからないようなことになってしまった。

今では、自家で作る飼料に混ぜるために、買いたい穀物やまた穀物を混ぜたものも十分手に入らない。今は売っている濃厚飼料を買って食わせているが、どれでも成績がよい。ビートパルプは6ヵ月以上も手に入らない。乾牧草の品質も悪い。このように飼料事情が悪くなり、加えて人手がないので、乳牛の能力は悪くなった。しかし、こんなことも長く続くまい。こんな事情は酪農だけではなんともしようがないことであるから、私は助言することをやめる。

しかし、こういう飼料のきゅうくつなときにこそ、蛋白質とエネルギー価の最少限度の分量は、なんとか食わせなければならないと努力することになる。なぜならば十分な炭水化物、脂肪もなく、蛋白質の何の補いもできないときでも、どんな性質で、どんなものからとったものでも、必要なだけの蛋白質とエネルギー価は、乳牛には食わせてやらなければならないからである。

オーバーブルーク牧場では1942年には、創立以来かつてない好成績で、搾乳牛76頭で1日3回搾り1頭平均年間乳量16,523ポンド（7,435.4kg）、乳脂率3.5パーセント、乳脂量572.8ポンド（257.8kg）であったものが、1943年の終わりには、搾乳牛頭数

73頭で乳量14,000ポンド（6,300kg）強までがた落ちに減った。乳脂量505ポンド（227.3kg）、脂肪率3.6パーセントになった。

これは戦争のために被った損害である。乳牛は今までにないほどよい牛が揃っている。以前には市場で買える最もよい飼料を食わせた。しかし今はトウモロコシサイレージと、わずかな青刈飼料と、市場で買える濃厚飼料は制限されている。放牧地は前と同じく全然ない。乳の出ないのもやむを得ない。そうかといって不平をいうつもりはない。戦争が終われば、牧場の人たちも帰ってくるだろう。乳牛はよい飼料をもらい、ていねいな扱いを受けて、われわれとともによろこぶことであろう。

第４章　子牛の育て方

1　生まれたばかりの子牛の飼い方と扱い方

子牛が生まれたら、すぐに注意してやらなければならないことは第１に、後産の膜が鼻先にかぶさって呼吸ができないでいないかどうかを見てやり、そうであればすぐ拭き取ってやる。次に口のなか、鼻のなかに粘液がよけいにあって、呼吸をするのに妨げにならないかどうか、そうならば指を入れて取ってやる。子牛が普通に呼吸をしていれば、そのままにしておいてよい。呼吸が順調でなく、ときどき止まるようなら、ひら手で胸を軽く打って呼吸をするように助けてやる。

２番目には子牛の臍（へそ）の手当てをする。臍の緒をはさみ切るのはよくない。拇指と人差指で臍の緒をしごいて、なかの血汁を出し、その端をヨードチンキの中に入れる。こうしておけば臍帯炎を起こさない。次に母牛の方に行って４つの乳頭から２〜３回乳を搾ってやる。そして小麦麬（ふすま）の温かい粥（かゆ）をやってから、後産がおりたらそれをのけて、後は12時間ほど静かにして休ませてやる。寒いときには子牛をなめてきれいにしたら、毛布を背にかけて寒くないようにしてやる。子牛が寒気がして、ふるえがきて下痢し、肺炎にまで症状が進ないようにするためである。飼料の麻袋を子牛に３〜４週間かけておいてやるとよい。

子牛はまもなく立ち上ろうとするが、１時間位で立ってよろよろ歩くようになる。歩き出せば母牛のそばに行って乳房を探し乳を飲もうとする。この最初に飲むひと飲みが、生まれたばかりの子牛にはもっとも大切である。分娩直後母牛から出る初乳は、自然が用意してくれた特別の乳で、生まれ出た子牛にはもっとも必要な乳であるから、これを2～3回必ず飲ませなければならない。初乳は生まれたての子牛の消化器をきれいに掃除する。また、特別に糞をやわらかにする。この初乳の中にはビタミン、鉱物質、その他免疫など、生活の出発に必要なものがたくさん含まれている。そのため、最初から2～3回飲む乳にはなくてはならない。それで生まれて48時間は母牛につけておかねばならない。

母牛の病気その他の故障で、母牛の初乳を飲ませることができなければ、初乳の代用物を飲ませなければならない。便通をよくするにはヒマシ油をテーブルスプーンで1杯（約15mℓ）飲ませ、牛乳にビタミン濃縮剤を加えてやる。母牛に48時間つけておいた後、子牛は哺育舎に移し人工哺乳を始める。子牛が弱いか、病気ならばなお1～2日母牛につけておく。最初人工哺乳するときには、忍耐して教え込まなければならない。子牛によって覚えの悪いものもあるから、かんしゃくを起してたたいたりしてはいけない。

人工哺乳のときも、最初は母牛の乳を飲ませたいものである。搾ってすぐに体温摂氏32度の乳を飲ませたい。母牛から搾って飲ますことができなければ、摂氏32度に温めて飲ませる。1回の哺乳量はごくわずかの量でよく、回数も2回でよい。哺乳量はどの品種でも1回に3ポンド（約1.4kg）でよい。体の大きい品種の子牛でもこの量でよい。ジャージー、ガーンジーの子牛には、1回の量は母牛の乳を2ポンド（0.9kg）でよい。またこれにお湯を1ポンド（450g）混ぜて体温位にして飲ませるのもよい。

人工哺乳に使うバケツは哺乳ごとに高熱殺菌して、いつも清潔にしておく。またできるだけ注意して不消化を起こさないようにしてやる。食わせ過ぎと不衛生な取扱いをすると、不消化になり、下痢を起こす。哺乳量は必ず量って飲ませ、目分量でやってはいけない。

人によっては、ごく幼ない子牛に1日3回哺乳するが、1日2回哺乳で立派に成功している。このように初めのうちに1回乳量を2〜3ポンド（0.9〜1.4kg）飲ませた位で、とても子牛が満足するものではないから飲みたがって騒ぐ。慣れない人はもっとたくさん乳を飲ませなければ、かわいそうだと思う。しかしこの量は長い間の経験でよいことがわかっているのだから、固く守るように。

人工哺乳も最初の3日も過ぎれば3〜4日おきに1回半ポンド（225g）、1日に1ポンド（450g）ずつ増加し、不消化を起こさなければ、子牛の哺乳量の最高1回6〜8ポンド（2.7〜3.6kg）〈1日12〜16ポンド（5.4〜7.2kg）〉まで増やしていき、この量で止める。私は1回分の哺乳量に肝油をテーブルスプーン1杯（約15mℓ）混ぜて飲ませているが成績がよい。子牛に全乳を飲ませるのは、全乳以外の飼料で、順調に成長することができるまで発育させるためである。それであるから全乳をやめて、ほかの飼料で栄養分を十分にとることができるようになったら、全乳を飲ませる必要がない。

脱脂乳を子牛に飲ませることのできる酪農家は、生まれて2〜3週間経てば、次第に脱脂乳に替えていく。このとき、全乳に含んでいたビタミンA. D. Eなど脂肪にとけるビタミンが、脂肪とともにぬきとられている脱脂乳には、よいビタミンの補充剤が必要である。脱脂乳のないときには代用品を使う。子牛には哺乳のほか、できるだけ多くの乾牧草と穀物を食うように教えなければならない。生まれて4〜5日もすると、乾牧草をひとくち口に入れてしゃぶり始めるもの、少し食うものもあり、また穀物をしゃぶるものもある。子牛も他の幼い動物と同じく、一緒にいる他の子牛のまねをするようになる。

子牛は生まれて4〜5日すると、同じ哺育房にいる7〜8日経っている子牛のすることをまねして、ひとりいるよりも数日早く乾牧草と穀物を食い出すものが多い。生まれの近いものを4〜5頭一緒に入れておくと好都合である。しかし哺乳するとき繋げるようにしておくと、哺乳後吸い合いをしないからよい。乾牧草と穀物はいつも子牛の前におくと、好きなときに食えるからよい。乾牧草はきれいな緑色をして、つやのよいイネ科の牧草か、またクローバとチモシーの混じった、よりぬきの乾草を食わせなければならない。

よい乾草をやればかさがあるから、第一胃を満たすほか、エネルギー価と蛋白質の養分を与えることになり、またよく乾かした乾草にはビタミンAと鉱物質をたくさん含んでいる。しかしアルファルファ乾草はときどき下痢を起こすから、幼い子牛にやってはいけない。穀物を食わせるのは、普通の体の成長と、諸器官の発育をさせるため、エネルギー価と蛋白質の栄養分をたくさん食わせたいからである。それは、鉱物質とビタミンが不足しないようにしたいからである。鉱物質とビタミンは助け合って働き、骨組みをつくるほか、体中に活力を起こす器官と腺を発育させる大切な役目をなすものである。

鉱物質とビタミンが十分あるのと否とで、肺臓、心臓、肝臓などの内臓器官や甲状腺、消化液を出す腺の発育を助けたり、停止したりすることがある。栄養分を十分に与えられた子牛は、よく張った肋（ろく）と大きい胸囲をしていて、内部にある肺臓、心臓などの発育がいかにもよいことがわかる。また皮毛は色艶があってぴかぴか光っており、眼は輝き、活気に富み、体の中の腺と消化器の働きが盛んなことがわかる。これと反対に、栄養の貧弱な子牛は胸の部分が弱く眼はどんよりと鈍く、皮毛は艶がなくて、腹はぽくんとふくれている。これは栄養分の不足した飼料から、なんとかして栄養分を十分とりたいと努力したが、その甲斐がなかったことを表している。これらは一見してわかることがらである。

私たちの考えることは、子牛の栄養は、乳を出す腺と乳を出す組織の発育と、泌乳能力に関係があるということである。このことは目に見えないが、われわれのように乳牛に心身全力を打ちこんでいる者にはよくわかる。よく養われた子牛は立派な乳牛になるものだということがわかっている。また、若雌牛の繁殖器官はその子牛時代の栄養に関係がある。このように子牛の栄養が大切であるから、乳牛牧場の将来は雌子牛と関連している。

酪農家は子牛のときからほどよい飼育をして、必要な養分を食わせ、親ゆずりの能力を十分に現わすことのできるように努めなければならない。そして、この目的を遂げる方法手段はいろいろあろう。幸いに金のかからない方法がある。私は濃厚飼料の中に、完全な鉱物質とビタミンを加えて食わせれば、子牛の完全な成長と発育をさせることができることを発見した。オーバーブルーク牧場では搾乳牛にやったと同じく、子牛や若雌牛に健康素と発育素としてマンアマー〈魚粕と海藻類の粉を混ぜたもの〉を食わせている。マンアマーを食わせてから10年になったが、これを食わせなかった時代とくらべて、その価値を固く信ずるものである。

子牛は濃厚飼料をひと口ちょっと食い始めたときが食い始めで、それから安心してよろこんで食うものである。その濃厚飼料の性質と成分は、若い牛にも乾乳中の牛にも食わせる準備飼料と、ほとんど同じ配合飼料である。

次の配合飼料は、若い子牛にも2歳牛にも、また乾乳中の牛や種雄牛にもよい飼料である。

砕いたエン麦粗粉	400ポンド（180kg）
黄色トウモロコシの粗粉またはホミニー	200ポンド（ 90kg）
小麦麬	200ポンド（ 90kg）
旧式圧搾アマニ粕	100ポンド（ 45kg）
マンアマー	100ポンド（ 45kg）
食塩	10ポンド（4.5kg）

この配合飼料に乾草醸造粕150ポンド（67.5kg）を加えれば、搾乳牛のもっともよい濃厚飼料となる。過去数年間、オーバーブルー

ク牧場でこの配合に近い飼料を使っていた。幼い子牛にこの配合飼料を与えるときは、水に漬けて湿したビートパルプを、かさで同じ分量を混ぜて、牛が食ってしまうだけの分量を朝夕２回与えることにした。これは生まれて６ヵ月齢まで続けた。オーバーブルーク牧場では、幼い子牛の飼料に水分を保たせるには、ビートパルプを湿して混ぜるのが一番よいとしていた。湿したビートパルプは消化を助けるのによいようである。

子牛が生まれて５〜６ヵ月齢になれば、哺育舎から追込牛舎に移し、自由に舎外に出て太陽にあたり、大気を吸うことができるようにする。ビートパルプの代わりにトウモロコシサイレージを食わせる。子牛が５〜６ヵ月齢になるまでは、上等の乾草を食うだけやる。また濃厚飼料と湿したビートパルプを混ぜたものを食うだけやる。こういうようにもっともよい乾草と、よい配合飼料、湿したビートパルプを食わせておけば、ごく幼いときによい牛乳代用剤を少し食わせて、早く乳離れさせることができるからである。今日では、母乳で育てるよりも牛乳代用剤でよい牛ができるようになった。

2　幼い子牛にやる牛乳代用物

今では子牛にやる牛乳代用物はたくさんあり、品質にも甲乙がある。最近までは多くは粉であったが、今ではカーフペレットといって小さい球形をしてきた。多くの酪農家もこれを用いて成功している。形もよくなったように使いやすくなった。球剤となって使いやすくなったのは、大きさが適当で味がよく、カーフミールより子牛が好んで多く食う。ペレットの方がうまく、球形をしているからかみくだくのに舌を多く動かし、つばがたくさん出てくるし、また胃の中でいろいろな消化液が出るようになるらしく、結局消化がよくなる。

カーフペレットは無駄にはならない。幼い子牛はペレットをたくさん食わない。いちいち量ってやる必要がなく、水に混ぜてやる必要もない。それだから衛生にかなった食わせ方である。以上の便宜があるから成功する。ある商品が他社のものよりよいということはあるようだが、私はくらべてみたことがないから、これがよいとすすめることはできない。しかし、今使っているものはよくて、牛乳で育てるより成績がよく、その上安価である。子牛1頭にペレットの量は約100ポンド（45kg）である。最近まで6.5ドル〈固定相場1ドル360円当時、2,340円〉であった。

オーバーブルーク牧場では生後4週間で完全に離乳している。この間に飲ませた乳量は350～400ポンド（157.5～180kg）である。ペレットを使わなかった前には、子牛1頭に乳量1,200ポンド（540kg）近く飲ませていた。このようにペレットを使ったために800ポンド（360kg）の乳が節約できた。そのほか手間賃と建設費が減る。オーバーブルーク牧場では、昔よりもよい子牛を育てている。

3　オーバーブルーク牧場ではペレットをどのように子牛にやるか

木製の小箱を哺育房の片側の便利な高さに置き、1日1頭当たりペレット1ポンド（450g）入れて、いつでも好きなときに食えるようにしておく。子牛が1日1ポンド（450g）食ってしまうようになれば、生後100～120日は朝夕2回に半ポンド（225g）ずつやるようにする。この時分には子牛は濃厚飼料と湿したビートパルプを半々に混ぜたものと、よい乾草を十分に食ってぐんぐん成長しているから、ペレットは1ポンド（450g）以上食わせる必要がない。ペレット1ポンド（450g）ずつ食わせるのは、牛乳の代用になって経済的になるからである。

しかし十分発育してからは必要がない。牛乳代用の目的でペレットを与えるのであるから、子牛ができるだけ早くペレットを食うようにしたい。哺乳を始めたときバケツの中に8〜10個入れてみると、2〜3回は乳を飲んで後でペレットを食う。この味を覚えるようになれば、その後は小箱に入れておけば、好きなときに食うようになる。生まれて4日目の子牛が、小箱の中のペレットを口に入れて、静かに噛んでいるのを見た。きれいな、新しい飲み水をいつも飲めるように、子牛の前に備えておかなければならない。それには自動給水カップは便利である。

4　子牛の育て方の結論

生後5〜6ヵ月齢になるまでの子牛の飼い方をまとめてみれば、次のとおりである。

生まれて2日もすると、母牛から離して人工哺乳を始める。1回2〜3ポンド（0.9〜1.4kg）の乳量しか飲ませない。朝夕2回哺乳する。1度哺乳時間を決めたら、その時間に必ず飲ませる。乳量はだんだん増やして、1回の量6〜8ポンド（2.7〜3.6kg）まで増やす。カーフペレットと、艶のある緑色によく干した乾草と、濃厚飼料、水に湿したビートパルプを半々に混ぜた飼料などを、自由に食えるように子牛の前に置く。この飼料を十分食うようになったら哺乳量を減らして、生後約4週間もしたら乳をやらないようにする。カーフペレットは1日1頭当たり1ポンド（450g）食うようになるまで、自由に食わせておく。その後ペレットは増やさない。

ペレットは生後4ヵ月になればやめる。上等の乾草といってもアルファルファはいけない。常に乾草は子牛の前に置いてやる。濃厚飼料は食ってしまうだけの量を朝夕2回やる。特殊養分としてはビタミンの多い肝油を幼い子牛に飲ませる。その場合は乳に入れて飲ませる。また海産物の鉱物質を食わせる。こうすれば骨格がよくなって頃合いの肉付になり、ぐんぐん成長して活気のある子牛になる。子牛を売るにしても、栄養がよくなっているが、太り過ぎることがないから都合がよい。また飼料費も少なく、手間もかからない。子牛はよい栄養状態であって、毛艶がよくなっている。オーバーブルーク牧場の牛は当歳のうちによい発育をしているから、初産から2産の能力がよいと見ている。子牛から若雌牛の時代の飼い方が、初産から2産の能力とどんな関係があるかという試験成績は、今までごく少ないから、決定的なことはいえないが、オーバーブルーク牧場の数ヵ年間にわたる経験では、初産～2産の能力の非常によいものは、繁殖方法と淘汰のよかったことによる、と断言することはできない。乳牛の一生涯をとおして、よい飼い方をしたことが、よい成績を出した原因である。

5　子牛の普通の病気

子牛～当歳牛の飼料の食わせ方と取扱い方をうまくやって、費用をかけず、手間もかけず、できるだけ死廃を少なくしたいものである。小さい子牛の死ぬのはおもに消化不良〈普通下痢〉と肺炎である。

A　子牛の下痢

幼い子牛の下痢には、飼い方が悪いので消化不良を起したのが原因か、また白下痢という伝染性のものかの2通りがある。普通の下痢の原因は乳の飲ませ過ぎ、冷たい乳を飲ませたこと、哺乳器の不潔、飼料が悪いこと〈アルファルファ乾草は良質のものでもいけない〉などが原因のおもなるもので、また寒さに合わせたり、湿った汚ない、空気の流通の悪い哺育房に入れておくとよく下痢する。原因はどうでも、子牛の消化がだんだん悪くなるからすぐに止めないと慢性になるかも知れない。慢性になると発育が止まる。だから原因がわかったら予防するのがよい。

普通の場合はごく簡単な治療法で治る。最初にヒマシ油をテーブルスプーンで1杯（約15mℓ）飲ませ腹を掃除する。次に次硝酸ビスマス10オンス（約280g）、重炭酸ソーダ（重曹）10オンス（280g）、サロース5オンス（140g）を混ぜ、これをテーブルスプーン1匙（約15mℓ）、牛乳に入れて1日2回飲ませる。たいてい2日もすると下痢は止まる。これは小腸まで消毒してくれる。

白下痢は細菌によるものなのでうつりやすい。糞が水のようになって泡立っており、色は白色か薄灰色をしている。生まれて2～3日で死ぬ子牛がたびたびある。また生後1週間も経たないうちに死ぬことがある。白下痢がこうじると獣医師を迎えて手当てをしなければならない。伝染の経路がはっきりしなければ、新しく生まれた子牛は全部白下痢の血清を注射し、衛生の手当てを十分にする。また搾乳牛の乳房と乳頭を塩酸の薄い液で消毒する。そして哺乳する〈消毒液はBIK消毒剤のようなもの〉。また子牛に哺乳する前に、乳頭から乳を1～2搾りして子牛につける。

哺乳がすめば子牛を離して子牛の独房に隔離する。寝藁にする麦稈を買い入れる酪農家は、オーバーブルーク牧場でよく起こるように、季節的に白下痢が起こることを経験していることと思うが、これは麦稈をまるめる人の牛舎の脇の広場に白下痢の菌があって、それから伝染したものであろう。オーバーブルーク牧場では、そんなときにはすぐに下痢止めの血清を子牛に注射する。生菌を注射するからすぐ止まり、伝染することもない。

麦稈を買い入れるから下痢が起こる。それで落花生の殻かカンナ屑を寝藁にしたらよいというが、カンナ屑は小さい子牛が食って不消化を起こすからよいとはいえない。泥炭地に生える苔はよい。価格が安ければ理想的な子牛の寝藁である。よい系統の子牛を育てる場合は、この苔を用いるようおすすめする。

B 肺　　炎

多くの酪農家は肺炎で子牛を殺す。この原因は、普通に牛舎の設備の不完全から起こるものだといわれるが、ある場合は下痢を起こすような不消化からくることもある。はっきりしたことでいえるのは、衛生上から見てよくつくられた部屋に子牛を入れておくことである。子牛が肺炎になったときには、幼い子牛に肺炎血清と肺炎の生菌を注射する。しかしこれはよい獣医師にやってもらわなければならない。寒気がして、すぐにそれが止まらず、長く続くようになると肺炎になることがある。

ウオーターブリー混合剤〈クレオソートとグアヤコール配合剤〉を1日2回テーブルスプーン1杯（約15mℓ）ずつ飲ませれば、咳と風邪にはよく効く。しかし哺育房の設備がよく、飼い方がよければよく育つものである。子牛の育て方については生まれて5～6ヵ月までの飼い方を話したが、せんじつめれば、子牛が調子よく生まれて丈夫に育てば、初産牛として搾乳牛舎に連れていくまで順調に育つものである。子牛でも若雌牛でも、うまい飼料をあきるほど食わせてはいけない。共進会出品牛とか、また売却のためとか、どの場合でもいけない。そのために泌乳能力が悪くなることが多い。近ごろは共進会で審査する人も、また一般見物人も、あまり飼い過ぎてでぶでぶした若雌乳や若い種雄牛をきらうようになった。

6　若雌牛の飼い方と取扱い方

オーバーブルーク牧場でやっている若雌牛の飼い方と取扱いは、休みなく普通の発育を続け、丈夫にしておくためのやり方である。

それにはよい飼料とよくできた牛房がいる。しかしよけいな費用をかける必要はない。子牛を丈夫に育てるには、吹き抜き小屋と十分な運動場があればよい。冬でもそこにおく。夏は放牧中は舎内に入れない。飼料はよい粗飼料を食うだけ食わせておく。

くわしくいえば、冬季中は粗飼料としてはよいトウモロコシサイレージとよい乾草を食わせ、放牧中は一番よい放牧地に放牧し、草だけ食わせておくが、草生が悪くなればよい乾草を放牧地の中に草架をつくってやっておく。若雌牛には生後 12 ヵ月までは濃厚飼料を十分にやる。1 年経てば分娩前約 3 ヵ月まで、濃厚飼料の分量を減らしてたくさん食わせない。分娩予定日前 3 ヵ月には、若雌牛は乾乳牛の牛舎に移して、乾乳牛と同じ飼い方と取扱いをする。

生まれて 1 年経った若雌牛に食わせる濃厚飼料の分量は、粗飼料の質と分量によって変わってくる。乾草とトウモロコシのサイレージの質がよく、また放牧地の草生と草種がよければ、濃厚飼料はやらなくてもよいことがしばしばある。しかし、どんなときでも元気よく成長させるには、濃厚飼料を少しでもやった方がよい。粗飼料の中に必要な鉱物質が十分含まれていない場合は、これを補ってやらなければ発育中の体の骨格が十分でない。また繁殖器官と泌乳器官の腺が十分に発育することができない。オーバーブルーク牧場でやっているのは 1 日にマンアマーを約 110g ずつやっている。この費用は 1 日 1 頭当たり 1 セント〈36 銭：100 セント＝1 ドル〉である。ここに述べた子牛の育て方と若雌牛を発育させる方法は、オーバーブルーク牧場で数年間やって成績がよい。最近この方法で 25 頭の若雌牛を育てたが、不受胎のものは 1 頭だけであった。最近 2 歳牛〈初産牛〉で乳期を終えた牛 40 頭の乳牛群検定成績は、1 頭平均乳量 15,000 ポンド（6,750kg）〈約 6,750ℓ〉乳脂量 500 ポンド（225kg）強であった。

7　若雌牛は生後何ヵ月で種付けしなければならないか

若雌牛がよく飼われて、よく発育していれば、生後15～20ヵ月で種付けして、生後24～29ヵ月には搾乳できるように、十分発育しているのである。分娩させるよい時期は牛乳の需要によって決めなければならないから、代わりの牛の補充とか、また牛乳の需要が多いために搾乳牛を増やすためとか、いろいろであるから、一概にはいえない。酪農家はよく成長した若雌牛を飼っておかなければ儲からない。生後24～29ヵ月も過ぎて分娩しないのは損である。多くは生後24～27ヵ月で初産をさせる。生後20ヵ月経って種付けしないと不受胎の牛になることがある。

私のいった方法で飼えば、1回の種付けで確かに受胎するものである。とにかく若雌牛は普通生後24ヵ月目に初産するものである。このように自然のままに種付け―受胎―分娩をさせるのが自然の理にかなったことである。しかし生後24ヵ月前に分娩させるのは、これまた十分な成長と発育がまだできていないからよくない。また生後30ヵ月しても分娩させないのは損であり、また若いうちに分娩させれば上品な格好をしているが、遅くまで種付けせずにおくと、体が粗野になってくるものである。

8　子牛または若雌牛の除角

昔、山野にいたときには、雌牛も生存競争のために角が必要だったが、近代の乳牛にはもういらない。

エアシャー種のように立派な角はかえってじゃまになる。角があるために怪我をすることが多い。角を取り除くことが利益だということになる。除角は生まれて2〜3日後がよい。苛性カリ（水酸化カリウム）〈ラービス〉で焼くのが一番簡単である。ペーストを使うのもよいだろう。ラービスは鉛筆形をした短い棒の形をしている。子牛の頭の角の出てくるところは、丸く銭形にこんもりとしているから、そこの毛を丸く皮膚とすれすれに短かく切ってしまい、そのところを少し水で湿し、そのへりをよく拭きとる。薬が水にとけて眼に入る心配があるからである。

次にラービスの端を紙きれでよく巻き、他の端を水で湿して毛を切ったところによくこすりつける。そうすると角のもとが焼けるから、角は生えてこない。角のもとのまわりの肉のところまで焼かないのと、自分の指を焼かないように注意をする。施術中は子牛をつないでおき、すんでも1時間くらいは焼けて痛むからつないでおくのがよい。私はペーストよりラービスが使いやすいように思っている。焼き方がまずいと角がまた少し出ることがある。生後12ヵ月位になってから、角切り剪（せん）でとればよい。

子牛から生後12ヵ月になった若雌牛の飼い方、取扱い方、心配してやることについて私の述べた方法は、よい乳牛にしたいがために工夫したものである。このうち大切な点をよく注意して実行されるならば、必ずやよい乳牛をつくり上げられるものと信ずる。よい牛をかけ合せて生まれてきた子牛も、生まれてからうまく育てて、初めて立派な乳牛にすることができるのである。

第５章　搾乳牛群の取扱いと管理

乳牛というものは習慣の強いものであるから、このことをよく心にとめて、搾乳の時間、飼料の給餌の時間、手入れなどの牛舎の仕事は、時計の針のようにきちんと時間をたがえず、決まった時間にはその仕事を必ずやらなければならない。搾乳の時間を午前５時、午後５時と決めたならば、その時間にはきちんと搾り始めなければならない。朝夕５時に乳を搾るべきものを５時半、６時、６時半というように時間を定めず搾ると、乳牛は頭が混乱するから、１ヵ年に幾度も時間を変えると、乳量が減ることになる。12月25日のクリスマスとか、７月４日の独立祭のような大祭の日にはやむを得ないだろう。

歌劇俳優のサー＝ハリー・ローダーは「故郷のスコットランドの生家の乳牛牧場にいたら起きるだろうし、朝早く起きるのはよいに違いないが、寝床に横になっているのはまたとてもよいものだ」といっている。ごもっともである。しかし、エアシャーの立派な牛はスコットランドからきており、また有名な大乳牛牧場もスコットランドからきた人が経営しているものが多い。時間になっても床に寝ているのは気持ちがよいだろうが、乳牛のためには苦痛であり、迷惑至極なことである。搾乳時までには牛舎に行き、用意万端整えて時間の来るのを待っており、時間きっかりに搾乳しなければならない。

搾乳時間を守るということは大事なことであるが、飼料を給餌するときもまた時間を守らなければならない。濃厚飼料を搾乳の前にやるか、後にやるかは乳牛にはどちらでもよい。ただ一度決めたら、いつもその順序でやらなければならない。乾草はほこりが立つから搾乳の後でやり、サイレージは臭いがするからこれも搾乳の後でやらなければいけない。給餌のときが来ると乳牛たちはもう時間だと楽しみに待っている。食いたい一心から食欲がますますつのる。だから一層時間を守らなければならない。給餌の時間に食わせないと、がっかりして神経をとがらせ、消化が悪くなってその結果乳量が減る。もっともよい成績を得ようとすれば一度決めた時間には必ず給餌をし、また搾乳をしなければいけない。

習慣性の強い乳牛というものは、搾乳者が決まっていれば、牛はその人に搾ってもらうと気持ちよく乳を出すようであるが、ふだんから搾乳する人が代わっていて、慣れていればそのときどき搾乳する人の上手下手によって、乳の出が違うものである。

搾乳夫を多く雇っているところでは、搾乳者によって搾乳牛群の全体の乳量に大きい違いができる。上手な搾乳者は一年中乳量にそれほど違いがない。下手な者には搾乳させずに他の仕事をさせた方がよい。上手な搾乳者は手搾りであろうと機械搾りであろうと、不慣れの人とは、断然乳の出が違う。手搾りのときは、どんなことがあろうと必ず手を乾かし、よく拭いて搾乳しなければならない。手を湿して乳を搾るのは、どんないいわけをしてもいけない。不衛生でよくない習慣である。

乳牛に飼料をやる人は理屈からいうと、搾乳者がやるのが当然であるが、搾乳する人に飼料の知識があるかどうかによって決まるのである。搾乳する人は飼料をやったとき、乳牛の動作で、ふだんと違ったことがあれば、すぐわかるはずである。何か消化の具合が悪いときには飼料を減らしたり、またやめるなど、処置をするから都合がよい。

しかし、乳を搾ることの上手な者、必ずしも飼料を上手にやれる人とは限らない。大きな搾乳牛群を持っているところでは、給餌する人にはもっとも経験のある者２人を牧夫長や搾乳牛舎の監督とし、適切な指導のもとに給餌をやるのがよい。牧夫長、監督は毎日搾乳

1頭1頭をよく見ているように努める。経験に富んだ、手腕のある給餌者や取扱人は、1頭1頭ちょっとでも変わったことがあればわかるものである。どんなときでも仕事に責任を持つ人が仕事をしていなければならない。そして、この人たちは他のことはさておき、自分の責任のある乳牛のことのみを考えているような人でなければいけない。

これは小さい酪農家で数頭の乳牛を飼っているところでも、大乳牛群を扱っている大牧場の監督や、牧夫長でも、この心がけの大切なことは少しも変わりはない。乳牛の搾乳時間、給餌時間を決めてやることの大切なのと同様に、放牧場または運動場への出し入れも、一度時間を決めたら同じ時間に出し入れしなければいけない。また牛舎―牛房の掃除―寝藁の入れ替え、ブラシ掛けなども決まった時間にやる。乳牛はきれいにしておかなければならない。これは清潔な牛乳を搾るためばかりではない。毎日、金櫛をかけブラシをかけてよごれを落としてやる。この時間はせいぜい1頭につき15～25分位のものであるが、牛舎の仕事でこれほど利益のある仕事はないことをよく覚えてもらいたい。農家では誰でも農耕馬に毎日ブラシをかけるが、さて牛になるとなかなかやる人が少ないから、ここでいったまでのことである。毎日乳牛にブラシをかけて掃除してみて、その成績はどんなものか試みにやってみたらよい。

1　乳牛は心持ちよい気分にしてやらねばならない

搾乳、給餌、手入れの時間以外は静かに寝かせて邪魔しないようにし、音をたてて神経をいらだたせたりしないようにし、いつも親切に、忍耐強く扱わなければならない。乳牛を親切に取扱うことは大変得なことである。特に慣らされた犬はよいが、乳牛の後から犬で追いたてるように走らせない方がよい。乳牛は牛舎の内外を問わず、いつでも気持ちよく楽にさせて、舎内ではきれいな寝藁をふかふかと敷いてやり、夏季放牧地には木蔭を十分につくっておく。乳頭をふんだり、打ちつけたり、牛舎の床ですべって怪我したり、皮膚をすりむいたりすることのないように、注意してやることが必要であるが、いらない飾りは避けた方がよい。

仕事に便利で、牛が怪我をしないだけの設備があればよい。乳を多く出すということは、大した重労働をしていて、新鮮な空気をたくさん呼吸することだから、舎内の空気の流通をよくすることが必要である。しかしひどい隙間風が牛に吹き当たるのはいけない。また空気の流通の悪い、蒸し暑い牛舎に置いてはいけない。冬季、人工的に牛舎を暖めるために、暖房をすることは、アメリカではどこでも必要がない。冬季に暖かくて気持がよいという牛舎は、舎内にいる牛の体温で自然に暖まる程度のものである。

生まれて12ヵ月くらい経った若雌牛は、追い込み牛舎にして、南西に開いて、自由に出入りのできるようにした方がよい。よく設備ができた牛舎は、冬季間は自分の体温で暖まる。夏は蒸し暑いうっとうしい舎内よりも、放牧地に出してやる方が自然にかなってよろしい。冬季間は牛の食欲も増進して飼料をよく食うが、暑い夏中は飼料を十分に食えない。それでオーバーブルーク牧場では、私の経験で、冬の寒いうちは乳量をうんと増すように、牛に飼料を多く食わすことができるが、暑い夏になると自然に食欲が減り、したがって乳量も減るから、濃厚飼料を減らして、牛に無理をさせないで気楽にしてやるよりほかに道がないと思っている。

暑くなれば、その2〜3日、濃厚飼料をぐんと減らして牛が出すだけの乳量でがまんするほかない。暑いときには無理をさせてはいけない。暑い日に濃厚飼料をやって、牛に無理をさせるのは愚の骨頂である。涼しくなればすぐに濃厚飼料を増やして、出るだけ乳を出すようにしてやればよい。牛によって暑さに耐える牛もある。だから、牛によって濃厚飼料を加減する必要がある。暑い夏の気候は夏に乳の減る大原因であるが、オーバーブルーク牧場でもいろいろ工夫してみたが、どうすることもできなかった。

それではどうしたら乳の減るのを最少限に抑えるか。飼料の分量を加減するほかないと思う。このように搾乳牛群の飼養、管理と取扱いの日々の作業と、いろいろのことがもととなって乳量に関係してくる。しかも、あることがらは日々変化しているから、搾乳牛を扱うものはそのときどきの必要に応じ、そのときどきの処置を誤らないように、勘と判断によってやるよりほかはない。それをここで述べることはできるものではない。いつも搾乳牛１頭１頭によく注意し、目を離さず見ていなければならない。糞は乳牛の消化のよしあしを表すものであるから、その性質を見分け、臭いに気をつけ、かぎ分けるようにならなければならない。

乳牛１頭１頭がどういうふうに濃厚飼料を食っているか、また飼槽の中に濃厚飼料が残っていないか、その模様によく気をつける。また牛の眼をよく見て、活気があるか、輝いているか、どんよりしてうるんでいないかなどをよく見分け、毛に艶があり、毛と皮膚に脂があるか、艶がなく、かさかさして立っているかをよく気をつける。また乳房を毎日よく調べてみるなど、乳牛の様子に全精力をそそいでよく注意していれば、ちょっとでも変わったことがあればすぐわかり、初期に手当てをするから大事に至らずにすぐ治る。もっとも多い軽い病気といえば消化器の障害から起こるものであるから、よい飼料を注意して食わせていれば大概は予防できるものである。普通に起こる健康障害または軽い病気のほかは、よい獣医師の世話にならなければならない。

A　普通の不消化の手当て

濃厚飼料をうんと減らして人工カルルス塩を水にといて飲ませる

〈人工カル1ポンド（450g）を水2.7ℓ位にとかす〉。人工カル液を飲ませれば消化器の中がきれいに洗われるから、不消化による障害の初期なら治すことができる。不消化の初期はよく便秘するからよくわかる。具合がよくなってくればだんだん濃厚飼料を増やし、増えてくる乳量によって加減して食わすようにする。腹がとけて糞がやわらかくなりすぎ、その臭いが悪くなれば、最初に人工カル液を飲ませて消化器を掃除し、次にカルルス泉塩スプーン2杯（約30mℓ）を1日2回濃厚飼料に混ぜて飲ませ治るまでやる。不消化からきた乳房の故障であれば乳房炎になりやすいから、慢性乳房炎にならないように、乳房炎の混合性菌を獣医師の指示によって注射しておくとよい。

B　牛　　痘

牛のほうそうは注意していてもときどき発生する。これにはカロミン・ローションを十分に使って手当てすればすぐ治る。この洗剤は薬剤師がつくってくれる。配合はカロミン粉40g、酸化スズ40g、グリセリン10cc、フェノール5ccを水に加えて500ccにする。使用する前にはよく振って牛痘のところに塗る。この洗剤は消毒にもなり、また乾かす力もある。大変よく効くものである。これを使うときは、十分洗って、よく拭いてから搾乳し、搾乳後もまたこれをつけておくとよく効く。

C　乳房を傷つけたり、怪我をしたときの手当て

皮膚をすりむいたり、肢の筋をくじいて跛行（はこう）したりした場合は、ぬり薬をぬればよい。それにはアブソルビンがよい。どこの薬局にも売っている。乳房に傷がついたり、ひび割れしたり、かさかさになったりした場合は消毒の軟膏（なんこう）がよい。私の経験では、羊毛からとる油脂が一番よい。乳頭をひどく傷めたと

きには、よく注意して手当てをしなければならないが、どんなに苦労してもがまんして乳を搾り、消毒液でよく消毒しておく。またときには導乳管を刺して搾乳することもあり、搾乳する前に管を刺して道をつけてから搾ることもあるが、いずれにしても管は高熱殺菌しておき、次の搾乳に使うようにする。

D　応急手当て用の薬品

オーバーブルーク牧場では、次の薬品その他をいつも備えてある。

人工カルルス塩、カルルス泉塩、カロミン洗剤、羊脂、消毒した導乳管、ヨードチンキ、子牛の下痢止め薬、ウォーターブリー配合剤、犢肺炎予防の生菌、薬用アルコール。

この用意した薬品で間に合わない病気は、獣医師の厄介になっている。乳熱の起こった場合、これまでは乳頭から空気を入れたものだが、今では獣医師にカルシウムグルコースを注射してもらっているが、それ以来、これまでよりも早く回復し、また完全に治るようになった。種付けして60日経って、受胎しているかどうかを獣医師を招いて検査してもらっていたが、多くのものは確かに受胎していることがわかった。何度種付けしても受胎しないものは、獣医師に診断してもらって手当てをした。

この際、獣医師について一言いいたい。獣医師は酪農家にはなくてはならない存在で、尊い仕事をしてくれる。深夜はもとより、日曜でも祭日でもよろこんで飛んで来てくれる。ありがたいことである。獣医師の教育、訓練、経験はわれわれ酪農家が病牛を取扱う以上で、とてもわれわれが及ぶところでない。よい獣医師の働きは大したものである。酪農家がよく協力すれば大損をせずにすむ。とても、自分たちでは手に負えないとみたら、病気がひどくならないうちに早く獣医師を迎え、経過をよく話して手当てをしてもらうことが大切である。

E　乳牛群の記録をつける

搾乳牛群中の乳牛１頭１頭の種付け、分娩予定日などについて、しっかりした記録をつけ、また変わったことがあったときは、書きとめておけば、獣医師が手当てするにも、また牧場のものにも便利である。私は牛舎日記のほかに１頭ごとにカードをつくっておいて、それには牛の名と牛群の番号がついており、最初の種付けから分娩、沿革を書き、履歴書のようにはっきりわかるようになっている。2通りつくっておくことは純系牛を繁殖しているところには必要である。私はたびたび参照しなければならないことがあった。あるとき、農家に種雄牛を売ったことがあったが、その農家でそれを転売したところが、書類をなくしたため、所有権の移転ができず困っているとのことであった。幸いに私の手もとにいっさいの記録があったので大変助かった。

F　乳牛の種付けについて

搾乳牛は、分娩してから何日休ませて種付けしなければならないかは、乳を搾る目的によって違ってくる。いつも気をつけて、発情がいつ来るか、またいつ種付けしたらよいか、常に目を離さないようにしなければならないが、普通の酪農をやっている人々は、乳牛が分娩して 12〜13 ヵ月目に分娩させるように種付けすることにしている。それでも乳量が多い数頭の牛は、13〜15 ヵ月目に分娩させた方がよいものもある。

高等登録のために検定する牛を飼っている乳牛群には、１乳期の乳量を増すために種付けをわざと遅らせるようであるが、検定期間中の乳量を増すということよりも、一生涯の総計乳量を計算してみると大変な損になる。高等登録の検定成績は、なるほどよくなるだろうが、酪農の収支から見ると大変損なやり方である。季節的に必要な乳量が違うために、やむを得ず種付を遅らせるのは仕方ないが、種付けを遅らせると何度種付けしても受胎しないようになる。普通は1ヵ年に1回分娩させるように種付けした方がよい。種付けを遅らせると、乳量と子牛の数にどんなに関係があるかを、私のオーバーブルークの日記帳から拾ってみよう。今では種付けを遅らせるようなことはいっさいしない。しかし1日3回搾りで115～118ポンド（51.8～53.1kg）も乳を出して、これは30,000ポンド（13,500kg）は搾れるだろうという予想をして、乳があまり出るので搾っているうちに、つい365日搾ってしまった。さあ計算してみると、なるほど30,000ポンド（13,500kg）以上になっているが、365日目には分娩しなかった。それに、その量まで搾るには特別飼いと特別な取扱いをした。

そしてようやく受胎するまでに、普通よりも3回以上も多くかけた。21ヵ月乳を搾って、43,000ポンド（19,350kg）の乳を出した。この牛は前の乳期に乳量30,000ポンド（13,500kg）であり、その前の2乳期26ヵ月は各乳量24,000ポンド（10,800kg)、計48,000ポンド（21,600kg）であったから、この乳期5,000ポンド（2,250kg）とよい種牛1頭をとりそこなったことになり大損をした。これは、特別な例かもしれないが、よい乳牛にあてはまるよい例と思われる。種付けを遅らせるということは、乳の収支からいっても大変な損になり、代わり牛をとりそこない、また受胎が悪くなるという3つの大きな損があるからやらない方がよい。

G　乳牛群の衛生について

搾乳牛群のふだんの世話と取扱いと、管理の細かいことまで述べることになると、大したことになるが、それも周囲の事情によって違ってこよう。そのうちもっとも大切なことは、なんといっても衛生問題であろう。そして衛生でもっとも必要なことは清潔ということである。健康ということはわれわれ酪農家はもとより、乳牛にも、またわれわれが生産する牛乳を使う消費者にも、われわれがふだんにやっているこまごましたことがらまで、すべての作業をきれいにするということに大変関係がある。

清潔にするということは、いくらやかましくいったとて決していい過ぎることのないくらい大切である。清潔な牛舎、清潔な乳牛、清潔な従業員、清潔な牛乳取扱室、清潔な牛乳取扱器具、清潔な牛舎の脇と庭と運動場などは、酪農家をやって成功しようとする場合、必ずやらなければならない。清潔にするといっても、意匠をこらし装飾をした牛舎はいらない。不潔にしておくのはがまんできない。酪農業では許すことはできない。衛生的であるということは、清潔で衛生にかなった牛乳を得るにはぜひ必要である。伝染性の病気やその予防はもとより、ささいな病気まで、日々衛生にかなうように作業をやっているかどうかに関係がある。込み入ったことをやるよりも、まずどこまでも清潔にするということが必要である。牛舎内を清潔にし、仕事をきれいにし、そのうえ人間の力の足りないところは、消毒剤を使って初めて完全にきれいにすることができる。消石灰、クレオリンと塩化物を使って毎日消毒する。搾乳後水で洗って漂白粉をとかした液で消毒する。

また牛乳取扱器具も、漂白粉をとかした液で消毒する。牛乳冷却器、搾乳缶、濾過器、牛乳容器などもまず水で洗い、漂白粉をとかした水でよくすすぎ、消毒用洗濯剤でよく消毒する。前にいった漂白粉液で、搾乳前に乳房を洗うことも必要である。酪農家の中には搾乳前に乳房と膁（けん）を洗わない人々が多く、ただ手のひらで乳房をなでて乳を搾るなどに至っては、不潔きわまる不衛生な所業といわざるを得ない。乳房と膁には、牛舎内にある細菌がいっぱいついているから、できるだけ牛乳に落し込まないようにしなければならない。

搾乳前には必ず消毒液で乳房と膁とを消毒せよというのである。

こうしておくと、牛痘や乳房炎など、乳房の伝染病を防ぐことができる。また時を決めて乳房と膁をバリカンで毛刈りすることは、衛生上よいことである。クレオリン消毒液は牛舎の床、哺育房と分娩房に、牛を出し入れする前後に散布してきれいに消毒する。またクレオリンで毎日牛舎内を消毒しておくと、伝染病予防によい。排尿溝と牛房、牛の後ろの通路、運動場、庭に消石灰を散布しておくと、病気が防げる。伝染病が広がらないし、牛舎の内外に新鮮な心持ち、よい匂いがただよって、牛舎特有の悪臭がしなくなるから、牛舎に来る人は気持ちよく、衛生的な感じがして大変よい。以上のように、衛生のことは是が非でもやらなければいけない。健康な乳牛群からのみ、清潔な、衛生にかなったよい乳ができるものである。

酪農の利益というものは、われわれの生産する乳が、純粋で混じりけがなく、清潔で、衛生的に生産されているということを、お得意さんたちが信用してくれて、初めて得られたものである。われわれの生産する乳がよければよいほど消費量が増える。しかし、それにはまず、われわれの義務を完全に果すのが先決問題である。

2　乳牛群に用いる種雄牛の取扱い

乳牛群で最も大切な牛は種雄牛である。いや、そうありたい。前にも述べたように、種雄牛は牛を繁殖する場合には最大の影響を乳牛群に与えるもので、その影響たるや、乳牛群の雌牛全体が一束になっての価値と同じものである。このように大切な牛にもかかわらず、しばしばなげやりにされ、ろくな取扱いも受けていないことが多い。しかし飼い方や取扱いといっても、込み入ったことをする必要はない。ただ必要なことをすればよいのである。それはまず次のようなことがらである。

1. 運動するように設備をすること。

2. 精気はつらつとしておくように、よい飼料を食わせること。
3. 人に慣れてどんなにおとなしくても、しょせん猛獣の痕跡があるから危険である。種雄牛舎に入れ、安全の上にも安全な構造にしておくこと。
4. 種雄牛を取扱うときは注意して、牛の眼を見て、なお体全体の挙動にも目を離さないようにしなければならない。生まれて1年位経った種雄牛を乳牛群と1ヵ所に置き、乳牛と同じ取扱いをしているところもあるが、いけないことである。生後24ヶ月も経った種雄牛は、種雄牛舎に入れて特別に扱わなければならない。

その種雄牛が乳牛群の父牛となる価値があれば、娘牛を検定して初めてその価値が本当にわかるから、それまで丈夫で元気にしておかなければならない。丈夫にしておくという意味は、飼料の食わせ方、運動をさせることに注意して、伝染病にかからせず、いつでも種付けができるようにしておくことである。

A 種 雄 牛 舎

構造のこまかいことは位置と用材によって違うから、一様にはいえないが、頑丈で種雄牛が舎内で運動ができ、そのうえ舎外に運動場をつくらなければならない。どちらかといえば、搾乳牛の運動場に沿って種雄牛の運動場をつくり、毎日乳牛を見ることができるようにしておくと、自然に種雄牛が運動することになる。種雄牛舎に独りぽつんとおくと、運動する気にもなれないので、不活発になりがちである。

B 飼 養

生後24ヵ月齢以下の種雄牛は、成長中で発育しているから、濃厚飼料はかなり十分に食わせなければならない。生後24ヵ月～36ヵ月齢以後にもなれば、相当な肉付きにしておかなければならない。濃厚飼料の分量は牛により、また種付けの回数によっても違ってくるが、よい粗飼料を十分に腹いっぱい食わせておかなければならない。しかし太鼓腹になるまで食わせてはいけない。濃厚飼料は蛋白質含有量の少ないもので、エン麦の配合量の多いものがよい。

この種雄牛たちの濃厚飼料は、元気がよく、また雌牛の受胎がよい程度にしておけばよい。それには濃厚飼料と乾草のほかに、水につけて湿したビートパルプに糖蜜を加えたものをやるとよい。これは、消化器をよくする効能がある。

種雄牛の飼養について、してはいけないことを次に述べよう。

1. 種雄牛にはコーン・サイレージを食わせないこと〈少なくとも多くやってはいけない〉。
2. 搾乳牛の食い残した濃厚飼料を、かき集めて種雄牛にやってはいけない。
3. アルファルファ乾草は、最もよいものでもやってはいけない〈牧草畑からとったイネ科の乾草、またはクローバとイネ科の混じった乾草を食わせる〉。
4. 蛋白質含有量の多い濃厚飼料を食わせないこと。元気な種雄牛はどんな頑丈な自動給水カップでもこわすから、バケツまたはコンクリートの水槽で水を飲ませる方がよい。水は1日2回でよい。種付け前に水を飲ませると腹がふくれ、種付けに時間がかかるから、種付け後に飲ませるのがよい。若い種雄牛は元気だから、少々悪い飼料でも、また取扱いが悪くともそのときはわからないが、4～5歳以後になるとそれが表れて、種付けする能力が衰えてくるものである。

オーバーブルーク牧場では12～13歳以上の種雄牛が盛んに種付けして、受胎成績もよい。これは濃厚飼料のなかにマンアマーという特殊の飼料を加え、鉱物質とビタミンを十分に補っているからだと思う。種付牛にもっとも大切なものは、性欲のビタミンEであろう。このビタミンのよいことは、たくさんの報告が証明している。

最後にいいたいことは種雄牛の蹄のことである。広い運動場に小石を敷いて運動させているときにはまずよいとしても、普通はときどき削蹄しなければならない。また種雄牛舎と運動場を清潔にし、消毒をするのがよい。

3　戦時中年末の感想

今日は1943年12月26日である。昨日はクリスマス祝日であった。この朝私は牛舎の戸口に立って舎内の牛を見て、大戦のために少なくなった従業員が、かいがいしく、牛の世話、舎内の仕事をやってくれているのも見て安心して背を向け、いざ去ろうとして頭に浮んできたのは、過去の年月、幸いにも自分の考えたことの幾分は実行されてよくなってきた。しかし、わずかにすぎない。実行するということになるとなかなかむずかしいことである。私は、本書に述べたことをできるだけやるように諸君におすすめする。

第６章　純系牛繁殖業

純系牛がなぜ尊ばれるかというと、それは本当に価値があるからである。北アメリカの雑種乳牛のよくなったのは純系牛のおかげであって、その価値はとても計算することはできないほど莫大なものである。普通雑種牛の中でも少しよいというものは、全部純系牛の能力の遺伝を受けたものである。とても乱雑な普通の雑種牛から遺伝されたものではない。世界中の最もよい乳牛は、また必ずよい純系牛である。北アメリカの純系牛の繁殖のことを考えると、私の少年時代のことが思い出されて仕方がない。私は北部ペンシルバニア州の、小山の間にはさまった酪農家に育った。ちょうどそのころ純系乳牛の繁殖が始まったばかりであった。北アメリカを始め世界各地で、純系乳牛を繁殖し始めた。私の農場の近くの様子は、その時の東部アメリカの代表的なものであった。そのころは、乳牛は春の終わりから夏の始めのころ分娩し、放牧地の草生のよい早春には乳もたくさん出るが、冬は乳が出ないことが多く、冬の半ばには家庭用の乳すら１滴もないことが多かった。

どんな牛であったかと思い返してみると、大体1900年ころのことであるが、赤毛の牛、背に黒い線のある牛、簾毛〈スダレゲ〉の牛、白牛、黒牛、川原毛〈カワラゲ〉の牛、点々と斑紋のついた牛、水青毛の牛、ラバ毛色の牛などであったが、そのほか毛色のはっきりしない牛が２～３頭ほど頭に浮んでくる。種雄牛はそのころブルといっていたが、明け２歳のズルハム種であった。今では、昔いた牛の系統は２頭しか残っていないようである。

その時分に勢力のあった酪農雑誌はジャージー・ビュレチンとホーズ・デーリィマンの２つであった。この２つの雑誌の力は大したもので、私の農場には純系ジャージー種雄牛ストークス・ポーギスの子孫牛と、ジャージー種雄牛、ジャージー種雄子牛を飼っていた。これらの牛はみなセント・ランバートの血統のもので、これまでの牛よりよい乳牛となった。私のところは市場がよかったから、ジャージー種の乳牛で大変儲かった。

私たちの農場にきていた雑誌にブリーダー・ガゼットもあった。この雑誌は乳肉兼用種の牛をすすめた。この兼用種はときには二枚看板牛ともいわれた。この兼用種に対抗したのがウィスコンシン州知事ウイリアム・D・ホード氏であり、同氏はホーズ・デーリィマン誌を出版して乳牛を大いに奨励した。私はときが経ち経験をつむにつれて、知事ホード氏のいうことが正しく、乳肉兼用種を農家が飼うのは間違いだということがわかった。

20世紀の初めころには、北アメリカには登録された純系乳牛の牧場は少なく、あってもジャージー牛牧場であった。牛乳輸送の便が開け、農村の牛乳が大都市に送られるようになって、ますます純系乳牛の繁殖が盛んになった。この市乳は1ℓビンで売っていたが、乳脂率の検査などは十分やらなかった。酪農家はホルスタイン牛が、他の品種の牛よりも乳が多く出ることをすぐ知って、ホルスタイン牛が、牛乳を販売する酪農家の間に大変受けがよくなった。純系牛が本当に盛んになり出したのは、そのころ以後のことであった。

ホルスタイン牛が流行りだしたこと、ホルスタイン牛を宣伝したことについていえば、たくさんのページがいるからこれくらいでとめておく。純系牛がよく用いられたこと、また純系牛だということだけで、能力の悪い牛を悪用したことなどは、読者の中にはご存じの方も多いことであろう。5大乳用品種の特性を固定し、発達させた歴史のなかで、1900年から40年くらいの間に起こったことなど、実は短いことである。それよりも1900年から以前、数百年間も原産地で改良されていて、その改良した人たちの考えていたことは

『乳を搾って儲かりさえすればよかった』のである。そのころは脂肪検定の確かな方法も知らなかった。たぶん量ったこともなかったであろう。またそのころは繁殖の複雑な学説も、家畜の管理方法も、科学的な権威あるものもなかったであろう。しかし、ブリーダーは家畜生産者であり、子々孫々家畜の生産を業としていたから、幾世紀も幾世紀も、次々に伝えられた価値ある尊い勘というものを遺伝されていて、それが牛にも映っていたので、知らず知らずによく改良できた。

彼らの全家族の生活と幸福は、おもに飼っている牛の働きで支えられていて、牛に望む特性は経験から知らず知らずに覚えたものであり、それこそ牛の本当の価値であった。それでもときには考えの異なる人が現れ、その考えで畜牛の選び方をしたこともあったであろう。しかし多くの場合は、牛の選び方はその家族と地域の人々の意向で決まり、地域の団体の意見によって登録簿ができ、登録される牛は、規則によって検査され合格したものであった。今日、アメリカの登録純系牛は、原産地で登録された牛の子孫である。原産地では20世紀になるまでは輸出などというものは少なく、値段もそれほどよくなかったから、従来の規則を外れるような改良はしなかった。

そうして原産地の牛は特性が固定していたから、北アメリカのブリーダーが輸入した牛は遺伝力が強く、そのころ北アメリカにいた在来牛に交配したとき、その能力が非常に改良された。2～3代も続けて同種の純系種雄牛をかけると、雑種でありながら純系種の特性を多く備えるようになった。例えば外貌も体型も毛色なども純系牛によく似てきて、また泌乳能力もよくなって、在来牛の能力と数段の違いになった。

原産地から輸入したころは、雌雄ともに、多くは原産地のもっともよい牛を選んで持ってきたものであったから、これらの牛は北アメリカで成績がよかった。輸入後2〜3年になると純系牛をほしがる者が増えてきて、とても応じきれなくなり、値段はせり上げられ、子牛まで大変な値段が出た。搾乳牛としてはとても考えられないことであるが、雑種牛や普通牛を改良するために、競争して買ったからであった。

そのころは登録された純系牛を繁殖して販売する仕事は、大変に儲かった。生まれる牛はどんなものでも、雌雄ともに登録して育てて売った。原産地で苦労して改良されたにもかかわらず、生まれた雄牛はどれも選ばず育てて売られ、繁殖に使われた。心ある純系繁殖業者は、純系牛でも本当に価値ある牛だけ残し、後は全部淘汰していた。しかし、記憶しなければならないことは、多くのブリーダーはその責任を感じないで、むやみに繁殖して売った。数年間は問題は起こらなかった。純系繁殖業者は全盛をよろこんだ。多額の費用を使って、ある系統の牛は特別によいと宣伝された。ある場合にはブリーダーの仕事は営業でなくて、競技のようになってきた。

純系牛宣伝の時代には1頭の種雄牛が1918年ミルウォーキーのセリ場で10万ドルで取引きされた〈カーネーシヨン・キング・シルヴイア231405〉。その他雌雄ともに1万ドル以上で取引きされたものは数知れずという景気であった。多くの場合、これらの牛の繁殖は値段だけの値打ちはあった。しかしまた、なかには値段は高かったが本当の繁殖価値のなかったものもあった。ブリーダーの中には、こんなことでは酪農業に益があるより、むしろ害があるのではないかと心配する者が出てきた。

1910年から1930年代まで、約20年間の無責任な純系牛繁殖業者のやり方の結果、つまり純系牛繁殖業全体に対し、非常な非難の声が高まってきた。波乱はあった。しかし本当に価値ある純系牛の系統の牛は、依然としてその価値を失わず、正しく繁殖され、今日にまで続いており、いよいよ改良され、北アメリカの純系牛はよくなっている。1,000ドルの値段はよりぬきのよい牛であるが、これは繁殖の価値からいっても、また乳を搾っても、どちらからいっても割に合う値段である。子牛の値段のほかに乳の代価がある。決して法外の値段でない。

今では純系牛牧場でも淘汰をきびしくしていることは、原産地に勝るとも決して劣らないくらい、やかましくやっているだけでなく、今では昔と違って能力検定を協会で行っているから、淘汰がよくでき交配もうまくでき、また体型と外貌の審査も協会で行っているから、見ようによっては、昔原産地でやっていた選び方よりも、進歩したとも見られよう。

原産地から輸入されてこのかた、いつの時代よりも今は北アメリカではよい牛が多くなり、より純系牛が多く繁殖されていると私は固く信ずるものである。純系牛繁殖の仕事は健全な基礎のもとに行われている。純系牛繁殖をやっているブリーダーは正直で責任を持っている方が多く、どこの団体の中でももっとも信用があり、また利口でものわかりのよい人であるといいたいが、実はそうともいえない。そうありたいものだ。

第1次世界大戦でオランダ、ガーンジー島、ジャージー島に敵軍が侵入して、ホルスタイン牛、ガーンジー牛、ジャージー牛の原産地は荒らされた。将来また幾世紀間、北アメリカの牛が原産地の牛の立て直しの助けをしなければならないかもしれない。現在の5大乳牛種は北アメリカの土地に慣れ、能力もよくなっている。現代のブリーダーの責任は、先人の努力で幾世紀もよい牛を伝えてくれ、またよく保存してくれた大切なこの遺産を、一層改良することである。そしてこの仕事は酪農家は誰もがもっとも努力をはげむべき価値のあるものである。

小山の麓に住んでいる貧しいブリーダーであろうが、広大な平地でやっている富裕なフリーダーであろうが、牛の選び方、繁殖の原則を利口に応用すれば、誰でも成功するものである。よい乳牛を繁殖し、それを売る仕事は熱心にやらなければならない。生まれる子牛は改良のもとである。よい点も欠点もみな遺伝されている。しかし、外面からは見ることのできない性質のものはっきりわからない。前のものよりも価値のある牛ができたらありがたいことで、大変な仕事をする。また親より劣ったものができたときには、自分の立てている基準にくらべて、惜し気もなく淘汰するべきだ。

乳牛の繁殖というものは、今まで知られている理論どおりにいくものではなく、失敗することもある。いつも偶然の法則というものが働くものである。しかし繁殖というものは偶然のできごとだとしてしまうことは、危険千万である。なかには思いがけなく、幸運にもひょいとよい牛が生まれることもあるだろうが、多くの場合はマスター・ブリーダーと斯界から仰がれるようになった人々が、生涯をかけて牛の選び方と牛のつくり方に、たゆまぬ努力を続けたのであって、その上生まれつきその道の能力があるのに加え、努力して経験をつんだ力により、牛を見れば一目でよしあしがわかる勘を持っている人々の努力である。

われわれは自然を相手にして仕事をしている。自然は人によって差別をしない。社会から与えられている特権など一向に認めない。富んでいようが貧しかろうが、偉大な牛ができたところで、よい牛がつくられたといわれる。富裕な人はよい牛を買い入れることもできる。幸いに責任を持って取り組む人がついていて繁殖をする場合は、その人が本当の畜産人であるなら成功もしよう。しかし、他の事業で成功しているからといっても、乳牛のブリーダーとして成功するとは限らない。また、富裕な人や好事家の中には、純系牛に多額の費用を投じて品種改良に貢献している人もある。これは品種改良に貢献するところが多く、まことに好ましいことである。

この人達のやる事業には、とうてい普通のブリーダーでは遠く及ばないところである。彼らは最もよい牛を買って、よりよいものに改良繁殖していっている。北アメリカの純系牛ブリーダーの多くの者は、そんなに富裕な生活をしているものはそういない。多くは普通の酪農家であるか、また純系繁殖を業務にしているブリーダーであるから、限りある財源しか持たないものである。それで繁殖方法も金のかかる試験的なものでなく、実用本位にやっている。しかし、牛のそばを離れずに暮らしており、日々乳牛群に接しているから、1頭1頭親密であり、互いに深い了解を持っている。この人たちが純系牛繁殖の中堅となって働いている。

その乳牛群はその地方団体の酪農の話題となり、目標となっている。したがって、純系牛の改良が進み、また頭数も増えていき、ひいては北アメリカの乳牛改良のためになっている。これらのブリーダーのもっとも大きな報酬は、多くの人々によく奉仕したいという考えからきた、自己満足の温かい喜悦であろう。成功したよいブリーダーは自分が売った牛が、買った人たちの乳牛群に永久不滅のよい乳牛としての価値を与えたことを知り、また自分のつくった種雄牛が、買われていった家の乳牛をよく改良してくれて、その家の暮らし向きをよくしたことを知っている。またその上、ブリーダーの間でも酪農家の間でもよい知人ができている。

純系牛をつくるブリーダーのような、多くの人々によい奉仕をし、社会の立派なグループの紳士淑女と交際ができ、一生涯命を捧げて働けるよい職業がほかにあるだろうか。

第7章　乳牛管理の諸問題

1939年から1943年まで、ホルスタイン・フリージアン・ワールド誌で、乳牛管理について実際に酪農家が困っている問題を答えることとし、アメリカで有名な牧場の管理者が、実際に自分の牧場でやっていることを話してもらう企画があったが、第2次世界大戦のために中止のやむなきに至った。本書を出版するにあたって同誌の承諾を得て、選択添付することにした。大変役に立つと思う。

1　酪農家の常備薬と器具

問　乳牛に普通起こる軽い病気の、応急手当てをするための常備薬と器具はどんなものか。

答

1.　パブスト牧場のホワード・クラプ氏　　鼓脹症の手当てのためにテレビン油（松精油）、ヨードチンキ、ワセリン、クレオリン、石油、套管（とうかん）針、水薬を飲ますゴム製の瓶。

2.　クオンクオント・ファームのヒュー・モリル氏　　人工カルルス塩、ヒマシ油、ソピニオール、脱脂綿、ミョウバン、ヨード、注水缶、重曹、しょうが、香油、マーキュロクロム、套管針、吸収剤、マチン種子、苛性カリ（水酸化カリウム）、9ℓバケツ、乳熱手当て用道具2組、水薬を飲ませる瓶、5分ロープ1.2m〈両端を輪にしておく〉、そり鋏1対、導乳管、乳道を広げる道具、検温器、イボ取り器、乳頭の狭窄（きょうさく）を正す道具。

3.　ローモント・ファームのG・A・バーディク氏　　3～4本の強いロープと革製のモクシ〈頭絡〉、套管針、2～3枚の上質の毛布、種雄牛の鼻カン〈中～大〉、乳熱の手当具、小さい手押しポンプ、やわらかいゴムホース、注射器2個、上等のゴム製投薬瓶、除角器、ロープ付上等の鼻カン、削蹄器一式入った箱〈ノミ2個〉、削蹄ナイフ、蹄切り、大小2個のヤスリ、軽い槌、鋸〈金属切り用〉、除角具一式、サンドペーパー、その他よい電気角切断器、特別に丈夫な鉈（なた）、2個のバケツ、強い厚いサラサ製コード2～3本〈約6～8フィート（約180～245cm）、助産用〉、アマニ油、ヒマシ油、人工カルルス塩1ポンド（0.45kg）、グラウバー塩1ポンド（0.45kg）、硝石とポークルート2～3ポンド（0.9～1.4kg）、重曹2～3ポンド（0.9～1.4kg）、ヨードの消毒液を多量〈デーリーモールまたはリゾール〉、しょうのう入りテレビン油、フェノール軟膏（なんこう）、ワセリン、乳頭の軽い怪我の手当てに用いるスズの軟膏、蹄腐れ手当ての薬、アーギロール14パーセント液とマーキュロクロムの入った黄色油〈眼の傷んだときのため〉、石鹸、タオル及び金櫛とブラシを多量。

4.　メリーランド・ポート・デポジットのベール・S・クルバー氏

ロープ、ノミ、蹄切りナイフ、蹄鋏、大ヤスリ、木製ヤスリ、投薬瓶〈ゴム製がよい〉、鼓脹症用套管針、2～3枚の清潔な毛布、タオル、ゴム管〈太さ⅜インチ（約9.5mm）長さ5～6フィート（約150～180cm）〉、じょうご、皮下注射器、針、乳熱手当具一式、高熱殺菌した綿、テープと包帯、石油、ヨード、マチン種子、人カル、アルコール、スズの酸化粉、臍（へそ）につけるヨードホルム粉、ヨードホルム尿道カプセル、出血性敗血症の血清とアグレシン〈両方とも製造日付明白有効のもの〉、乳道を広げる道具〈よく消毒したもの〉、コロジオン、ケロシン、木炭末、次硝酸ビスマス、石油ゼリー、ホルマリン5パーセント液〈蹄消毒用〉、鼓脹症手当てのため湯1オンス～1クオート（29.6～946.4mℓ）、ネオプロントナーシルの½オンスカプセル〈乳房炎とレンサ球菌による疾病用〉、コールタール消毒剤。

5. W・L・ヒズル父子牧場のクラーク・ヒルズ氏　石油、食塩、ヨード、テレビン油、パインオイル、乳房にぬる軟膏、ケロシン、クビ長の投薬瓶、ロープでつくったモクシ、鼓脹症のときに使う口にはめる木製の棒、套管針、蹄切りとヤスリ。

6. カーネーション・ファームのR・E・エバーリィ氏　投薬瓶、套管針、皮下注射器、スカルペル（医療用メス）、ガーゼ、包帯、綿布、乳道拡張器、鋏、ゴム管、獣医用カプセル、消毒液、コロジオン、人カル、石油、ヨード、アルコール、パン焼用ソーダ、コショウ、ジャマイカ産しょうが、ゲンチアナ（根・リンドウ科植物の生薬）、マチン種子、ホウ酸、乳房鎮痛剤。

7. オズボンデール牧場のフレード・M・ニコルス氏　ふだんから心配して注意しており、その上、馬のような勘とよい判断をしてやっていれば、乳牛群はみな健康であって、薬箱に多くの薬剤その他道具を用意しておく必要はないものである。ヨードは生まれた子牛の臍につけ、切り傷やはれものにつけるために。ヒマシ油と白色石油は子牛に用いるが、たまにしかいるまい。マチン種子の煮汁、ゲンチアナの煮汁は食欲を進めるために。人カルは乳房炎、軽い食滞、不消化に用いる。ターベンチンとホルマリンは鼓脹症に用いる。アルコールに硝石と砂糖を混ぜたものは腎臓の病気と寒気がするときに用いる。軟膏、フェノールワセリン軟膏は切り傷、乳頭や乳房のヒッカキ傷に用いる。乳熱の処置用具一式も必要であろうが、私のところでは静脈にカルシウム、グルコースを注射している〈私のところでは乳熱はまれだ〉。削蹄具、毛刈バリカン、除角用、苛性カリ、曲り鋏〈子牛の角を除角するとき角の生えるもとに苛性カリをつけるため毛をはさむために使う〉。毛布数枚〈分娩した牛に寒いときに掛けておくと後産が早くおりる〉。これだけ用意して手当てをすれば、獣医師をたびたび迎えることはあるまい。

8. ウインターサー牧場のウイリアム・E・リード氏　ストリキニーネ丸薬¼グラム入りチューブ〈興奮剤として用う〉、ロベリン丸薬⅒グラム入りチューブ〈胃の蠕動（ぜんどう）作用を促すために用いる〉、塩酸バリウム錠1缶〈第一胃の働きを促すために下剤として用いる〉、プロフラビン4オンス（118.4mℓ）入り瓶〈子宮投薬、臍帯炎、はれものに用いる。刺激なし〉、テレビン油を混ぜたワセリン〈乳頭にぬる〉、赤バルサム、〈なかなか治らないしつこいがさがさ傷、かき傷でかさぶたのとれないのにつける〉、アルコール1瓶〈一般消毒用〉、クレシリク配合剤〈消毒用として〉、芳香性のアンモニア入りアルコール〈鼓脹症に初めに用いる〉、クロロホルム塗沫剤〈塗沫用に用いる〉、BFI粉〈乾燥用消毒剤〉、子牛の下痢症に用いる血清〈子牛の流行性下痢に用いる〉、道具としては、10cc皮下注射器1個、4オンス（118.4mℓ）注射器1個、1ガロン（約3.8ℓ）缶水器に7フィート（約214cm）のホースのついたもの、套管針1個、1パイント（約473mℓ）入りゴム製投薬瓶、乳熱用具一式、検温器、殺菌した綿を巻いたもの。

有名な講演者に聞いてみたが、常備の薬棚に薬なんかをたくさん用意している牧夫長のところの乳牛群には、必ず病気が多いもんだということであった。

9. オーバーブルーク牧場のマーク・H・キーニィ氏　ヨード、人カル、カルルス泉塩、アギロール〈蹄腐れに用いる〉、石油、子牛下痢用混合生菌、肺炎用混合生菌、乳房炎用混合生菌、薬用アルコール、しょうが、チンキ、アルコールに硝石と砂糖を混ぜたもの、マチン種子煮汁、ヒマシ油、コロナ羊毛油、消毒した乳道拡張器、ゴム製投薬瓶、乳熱用具一式〈今は用いない〉。

2　いつまでも乳を出して、乳をあげるのにむずかしい牛の乳のあげ方

問　いつまでも乳のあがらぬ牛は、どうしたらあげられるか。

答

1.　オズボンデール牧場のフレド・M・ニコルス氏　　分娩前少なくとも8週間になれば、次の方法で乳をあげた方がよい。夜搾り、また朝搾りでも、できるだけ乳を残さないように搾りあげて、必ず乳をあげる決心をしてやらなければいけない。乳房と乳頭を希塩酸でよく拭き、濃厚飼料は搾乳牛用のものから、乾乳牛用に換える。しかしこのときは、分量は減らさないでおく。

そうしておいて10日間搾乳をしないでおく。10日経ってから気をつけて乳を搾ってしまう。また希塩酸で乳頭を洗って清潔なタオルで乾くまでよく拭き、ニュースキンかまたはコロジオンで乳の出口を封緘（ふうかん）する。こうして乳をあげると栄養も悪くならないし、濃厚飼料を増やしたければ増やしてもよい。2〜3日は、牛がやや苦痛のように見えることがあるかもしれないが、今まで乳房炎に全然かかったことのない、乳房に病気のない健全な牛であれば、みな成績はよい。

その牛が分娩すれば乳房は上等であるし、旧式のあげ方で長く、いろいろな骨折りと心使いをしなくともよい。1915年に初めてこの方法で、1頭の乳をあげてみたところ、今までやった方法と同じように、完全に近いほどよくやれたのと、栄養を少しも悪くしなかったので、それ以来はこの方法を実行している。

2.　オーバーブルーク牧場のマーク・H・キーニィ氏　　濃厚飼料を完全にやめてしまう。またサイレージとビートパルプもやめてしまう。乾草と水だけにし、ときには腹をよくしておくために、い

くらか糖蜜を入れたビートパルプをやる程度にしておく。それも1回搾りになって15ポンド（6.7kg）しか出ない牛は、1日おきに搾るとぐんと乳量が減る。そうなればまた次の搾乳をやめる〈2日おきに1回搾る〉。次第に搾らない日を長くすると乳がなくなる。もちろん乳量にもよるが、乳牛というものは乳房の無病のものであれば乳房のなかに25ポンド（11.3kg）位乳がたまっても乳房は充血するものではない。

オーバーブルーク牧場では、乳房が傷まないように、必要なだけの回数乳を搾っているが、ここでいいたいのは、搾るときは徹底的に搾り切るということである。諸君は乳をあげようとする牛を、中途半端に半分位搾ってやめるということは、けっしてしてはいけない。乳房にしこりができないうちは、乳房に乳がいっぱいになるまでだまっていてもよい。しかし心配でどうしても搾るというときは、徹底的に搾り切らなければならない。私は搾り切らないで乳をあげる方法を、雑誌で読んだことがあるが、それは普通の能力の牛にはよいかもしれないが、私の経験では能力のよい牛には駄目である。

能力のよい牛にそんなことをやるようにすすめることはできない。このときに大切なことは、糞によく気をつけて固くならないように扱っていかなければならない。便秘して、消化器の障害を起こすと乳房が充血してくるから注意せよ。乳房にしこりができたら、それがなくなるまで毎日搾らなければならない。

3.　ウインターサー牧場のウイリアム・E・リード氏　　搾乳牛にやっていた濃厚飼料を乾乳中の濃厚飼料に替え、その量を2割5分減らす。コーンサイレージをやっていたならば、それもやめる。そして乳が乳房にいっぱいになるまでそのままにしておく。たいてい2～3回搾るのをやめると、乳房一杯に乳がたまるだろう。そう張ってくれば、乳房の4つの分房からそれぞれ1ポンド（0.45kg）くらいずつ搾ってやる。それで翌日、また翌々日までそのままにしておくと、そのうち乳房の張りがとれてくるから、そのとき乳房内の乳を残さず、全部搾ってしまう。そしてよくマッサージをして、徹底的に乳を搾り切る。そうしてもまだ乳房が張ってくるようなら、またそれをくり返す。

こうして乳房の張るのをとるために搾る乳は、乳を検査するコップに搾り込み、もしもブツができているようならば、すぐ搾り切ってこの方法をやめる。この方法でやれば、乳房が丈夫ならば乳房を傷めることはない。もしも、乳房炎を起こす細菌がある場合には、急性の乳房炎になるからいけない。この方法をやめることだ。

4. オハイオ州ウオセオンのクラーク・ヒズル氏　2～3日濃厚飼料を食わせず、乳房が長く乳を蓄えても大丈夫なようになるまで、毎日1回搾りを続けていき、もう大丈夫となったときあげる。大体7日間で乳をあげることができる。こうしてもあまり乳房が張るようならば、乳をあげるのをやめて、次の分娩まで乳を搾り続ける。

5. カーネーション・ファームのR・E・エバーリィ氏　いつまでもしつこく乳が出て止まらぬ牛の乳をあげるのは、牛によってあげ方も違うが、普通には、そんなに乳があがらない牛はそのままにして、無理にあげない。そうすると多くの場合、乳が吸収されて出なくなるものであるから、無理に乳の出を減らすようにするよりもこの方がよいようである。しかし、私はこの方法も、また濃厚飼料を減らし、搾る回数を減らして乳をあげる方法も、満足な方法とは考えていない。濃厚飼料を減らし、搾る回数を減らしていく方法は、途中で困難にぶつかることは少ないと思っている。

1日3～4回も搾っていたものを、一時1日2回搾りにし、それでよいようならば、1日1回搾りとし、それでよいようならば1日おきにし、それでも乳房に故障が起こらないようならば、搾らない日数をだんだん増やし、つまり搾ることをやめる。この場合、乳の出をよくするような飼料は一切やらないように飼料を切り替える。例えばアルファルファ乾草を食わせていたならば、チモシー乾草にするというようにする。

6. パブスト牧場ホワード・クラップ氏　乾草はごく普通のあまり上等でないものを食わせ、濃厚飼料は全然やめてしまう。朝搾りを1回抜いて、6時間後の午後搾りをしてやる。翌日の朝搾りは抜いて午前11時に搾り午後搾りは抜く。こうしても乳房に故障がなければ、それからは毎日朝搾りだけの1回搾りとする。次にはだんだん搾乳しない期間を長くして、乳をあげる。搾るときには後に残さないよう、徹底的にきれいに搾り切る。

7. クオンクオント・ファームのヒュウ・モリル氏　濃厚飼料をやめ、その1日はビートパルプかサイレージを食わせておく。2日目は第1日目と飼料を同じにし、乳を全然搾らずにおく。3日目も飼料は同じにして、乳を徹底的に搾ってしまう。4日目と5日目は搾らず、牛の様子をよく見ている。6日目から7日目になってまた乳を搾り切る。乳をあげるときには、搾る時間を前に搾ったときと同じ時刻にしないで、だんだん遅らせていくことが大切である。乳があがったら、乾乳中の牛にやる濃厚飼料を、十分にやるようにする。

8. ローモント・ファームのG・A・バーディク氏　最初にいいたいことは、これは多くの酪農家にはそれほどむずかしい問題ではない、と私が考えていることだ。いつまでも乳が出てあがらないということは、むしろ、乳の生産をいつまでも続けていくということで、かえってよろこばしいことであろうと思う。ブリーダーたるものは多かれ少なかれ、必ずこのような乳のあげにくい、よい能力の牛を持っているだろうと思う。

いつまでも乳を出す能力のある牛は、よい牛を繁殖しようとするものの、目標の1つであることは確かである。そういうものの10

～11～12ヵ月、または14ヵ月も長い間、たくさんの乳を出していながら、腹には子がいるというときには、いくら乳がたくさん出ていても、諸君は人情として牛を休ませてやりたいと思うことは当然だ。

そこでその場合は、だんだん濃厚飼料を減らし、乾草もチモシーに替える。今までの濃厚飼料はやめてエン麦か小麦麬（ふすま）にしてしまい、飲み水の分量まで制限する。7～10日間は1日1回搾りにする。搾乳時間も変えていく。次には5～6回の搾乳を中止し、次に搾るときは十分に搾り切る。こうすればいくらしつこく乳の出る牛もあがる。

濃厚飼料をやめずに乳があがるから、牛の栄養は上々である。しかしこの方法で乳をあげるときは、特別な注意が必要であり、乳房をよほどよく見ていなければならないことはもちろんである。そうしないと、次の分娩のときに乳房に障害のある牛になることがある。しかしこの方法はむしろ普通の方法である。より困難な状況もある。長くかかって、もっと注意してやらなければならないこともある。乳房炎にかかりそうな牛は特にそうである。

9.　メリーランド・ポート・デポジットのベール・S・クルバー氏

いつまでも、乳の出る能力のよい牛の中には、私にはとても乳をあげることができなかったものもある。濃厚飼料をやめ、乾草を減らし、飲み水まで制限しても、それでも乳の減らない牛は、むしろ搾乳しつつ肉付きよく栄養をよくして分娩させた方が、無理に乳をあげたが牛はやせおとろえてしまった、というよりもよいと思う。しかし、本当に能力のよい牛で乳があがらないときでも、乳を止めるということを断念しなかった。それには乳量30ポンド（13.5kg）以下になったら、乳を搾ることをやめて、コロジオンで乳道を封緘する方法を用いた。

10.　ホーソン・ファームのケン・モンソン氏　　乾草以外なにも

食わせない。それでどうしても乳があがらなければ、濃厚飼料をやって搾り続ける。そうする方が濃厚飼料を減らして肉付きを悪くし毛艶をなくして健康を害し、その上腹の子まで傷めるようなことよりよい。

3　分娩時に乳房の充血するのを予防する方法と手当て

問　分娩するころになって、乳房が充血することがある。その予防法と充血したときの手当て。

答

1.　メリーランド・ポート・デポジットのベール・S・クルバー氏

乳房の充血するのを、もっとも上手に手当てする方法は、充血しないようにあらかじめ手当てをすることだ。ポール・ミスナー氏がいうには、経産牛でも初産牛でも、分娩前3～4週間位になって、もし乳房が大きくなり始めたら、分娩前であっても、搾乳牛の搾乳時間に1日2～3回搾りを始めて、他の搾乳牛と同じに出てくる乳を全部搾り切る。こうすると乳房が充血したり、固まったり、また太鼓のように張ってくることがない。しかも乳量はだんだん増えてくる。こうしておけば、分娩のときにも、乳房はやわらかくしなやかであるから、濃厚飼料を十分に食わせることができ、乳量が増えるようにできる。糞をやわらかにする性質の飼料や、青刈り、ビートパルプ、小麦麬、油粕、アルファルファは乳房の充血を防ぐ効き目がある。これと反対に重い性質の濃厚飼料や、トウモロコシのように腹持ちのよい飼料、トウモロコシのよく実がついたものでつくったサイレージは、分娩時には乳房が充血しやすい。また充血したときには、たびたび搾ってはマッサージをしてやり、温めてはマッサージをしてやるとよい。

2.　カーネーション・ファームのR・E・エバーリィ氏　　これはおもに飼料のやり方によって起きるものである。例えば4回搾りの能力検定牛舎にいる牛〈1年中乳房に熱がつく飼料、即ち蛋白質の多い濃厚飼料をたくさん食っていた〉には、分娩前2～3日で今までの濃厚飼料をやめて、小麦麩の多い、糞をやわらかくする飼料をやる。この場合には、トウモロコシ関係の腹持ちのよい、重い飼料は食わさないことである。蛋白質というものは、乳房内の組織を疲れさせるとか、破るとかよりも、垂れ下がらせるものである。

3.　ホーソン・ファームのケン・モンソン氏　　飼料はなるべく軽い性質のものを選び、ただ砕いたエン麦、小麦麩、乾草といった熱を持たせない飼料のみをやる。サイレージの酸味の強いものは、乳房の充血をひどくするようだから、分娩前後しばらくの間はやらない。乳房の充血を止めるよい軟膏はいろいろあるが、私の経験ではまず何よりも、飼料のやり方で予防する方がよいと思う。

4.　メイタグ牧場のM・M・キャンベル氏　　私は、分娩時に乳房が充血するのは当たり前であり、またこれを防ぐ方法があるとは思わない。私たちの考えでは、ある牛はどんなに充血しないように注意しても充血するし、またなんにも予防手当てをしないのに充血しない牛もある。分娩前には脂肪のつくような濃厚飼料はやらず、糞のやわらかくなる飼料をやるようにすれば、いくらか予防できると思っている。分娩のときに充血した乳房は1日に5～6回以上もたびたび搾ってやる。また、乳房をたびたび湯で温めてやるといくぶんよいようである。

私の牧場では1日に何回も乳房に冷たい水を掛け流して、冷やしたこともあった。充血した乳房の牛が出たら充血がなくなるまで、その牛には濃厚飼料を多くやってはいけない。

5.　ローモント・ファームのG・A・バーディク氏　　能力のよい牛が分娩近くになれば、いくぶん乳房がふくれたり、充血するのは自然のことである。多くのブリーダーは、初産牛でも経産牛でもきれいにふくれ、色のよい乳房をしているのを見るのは好ましいものであろう。ときには腹の下までもふくれてきているものをよいと思うものもあろう。私はいつも、こういうようになる牛は乳が多く出るものだと主張したものであるが、いくらなんでも、充血するのにも限度がある。飼っている乳牛によく接し、ともに働いていてよく学べば、乳房が垂れて牛舎の床につきそうになってブラブラしている牛は、初産～2 産の分娩前に飼料のやり方と取扱いに十分な注意をしなかった牛だということがわかってくる。

能力をよくしようとして、乳牛の栄養を特によくし、濃厚飼料を無理にやると、多くの場合分娩に先立って立派な栄養になるに相違ない。そうすると乳房が充血しだす。そのときは仕方がないから青刈りトウモロコシやコーンサイレージのような熱の伴う飼料は一切やめてしまい、軽い、糞をやわらかくする冷やす性質の飼料をやり、運動を十分にさせ、水を十分に飲ませると大変よい。分娩前にあまり乳房が大きくふくれたときは 1 日 2～3～4 回も搾ってやる。またあるときには人カルを湯にとかして飲ませてやる。そうすると乳房のふくれが治る。しかしそんなときは、よく慣れた獣医師を迎えるのが一番安全である。

6.　クオンクオント・ファームのヒュー・モリル氏　　コーンサイレージ、コーンミール、グルテン、ホミニー綿実粕などの熱を持たせる飼料は全部やめて、軽い、消化しやすい、糞をやわらかくする飼料を食わせる。毎日運動をさせ乳房が充血しだしたら、手を入れて耐えられる位の熱さの湯で、1 日 3 回ずつ蒸す。その後で少なくとも 20 分間マッサージしてやる。それがすんだら乾かすようによく拭き取ってやる。これを続けてやるとよい。

7.　パブスト牧場のホワード・クラップ氏　　特別に乳の出る牛は分娩期に乳房が充血するのは普通であるから、私の方では予防もしなければ、充血しても治療しない。分娩前によい濃厚飼料をたくさん食わすことと、乳をたくさん出す系統の乳牛は、どうも多く充血するようである。何か特別な理由があって、乳房の充血するのを防がなければならない場合は、分娩前に濃厚飼料をたくさんやらない。共進会のために準備した牛は、他の牛よりも充血するのがひどい。また若牛は成牛や老齢牛よりも充血することがひどいものである。分娩前に搾乳する人もいるが、実際やっている例は少ない。

8.　ヒズル父子牧場のクラーク・ヒルズ氏　　分娩前しばらくの間エン麦、小麦麬、油粕のような軽い濃厚飼料をやる。このときビートパルプはもっともよい。消化器を健全にしておかなければならない。分娩後乳房がひどく充血したときにはたびたび搾乳する。しかし乳房の張りがゆるめばよいから、多く搾らなくてもよい。熱い塩湯でしぼった厚手のタオルで蒸してやるとよい。またよい軟膏を乳房にすりこみ、よくマッサージするとよい。

9.　ウインターサー牧場のウイリアム・E・リード氏　　最初に熱を持つ飼料は全部やめる。トウモロコシとその製品、コーンサイレージをやめる。濃厚飼料の配合物の中で蛋白質の多いものはやめ、次の配合飼料をやる。つぶしたエン麦 1,000 ポンド（450 kg）、小麦麬 300 ポンド（135 kg）、アルファルファミール 250 ポンド（112.5 kg）、旧式製造アマニ粕 150 ポンド（67.5 kg）、糖蜜 300 ポンド（135 kg）などである。乾草は食うだけやる。牛の年齢と栄養状態にもよるが、舎外の運動をさせる。老齢牛は若雌牛より運動は少なくてよい。乳房の充血がひどいときは、分娩前に搾乳を始める。飼養の方法が失敗したために、乳房にやっかいな固まりができたときは、こうして分娩前から搾乳するが、たいてい成績はよい。

10.　オズボンデール牧場のフレド・M・ニコルス氏　　乳房の充血には、分娩予定日の2週間位前から濃厚飼料の中で熱を持たせる飼料は、やめるか減らすとよいようだ。コーンミール、ホミニーは熱を持つから、この際やらないほうがよい。コーンサイレージもやめる。小麦麬、つぶしエン麦に油粕を少々混ぜて食わせる。少し位乳房が充血しても心配しなくてよい。害はあまりないからである。分娩後少なくとも２週間は、糞をやわらかくする飼料を続けてやれば、たいていは故障はない。しかし例外はある。

11．オーバーブルーク牧場のマーク・H・キーニィ氏　　分娩しようとする牛の乳房の充血することについては、特別に手当てをしたことはあまりない。ただ分娩する牛には、分娩する前２～３日と分娩後すぐ後に、軽い飼料をやるだけである。乳房の充血で手を焼いたことはない。初産の若雌牛は乳房がひどく充血して固くなるものと考えられている。乳房にひどい固まりができるような初産の若雌牛でなければ、よい牛でないと考えられている。

私のところでは、乳房につける軟膏や鎮痛剤、その他のものは一切使わない。分娩する成牛や若雌牛〈初産～２産〉の、乳房の充血して固まりができることを気にしていないのは、私の牧場には流行性乳房炎の牛がいるからではないかと思う。起こればすぐに生菌を注射して治してしまうからであろう。

またときどき乳をあげるときに、ガーゲットと呼ばれるものができることがあり、またあるときには分娩した牛の乳がまったく普通でないことがあった。そんなときには、乳房炎の混合生菌を２回注射して、その乳を搾り切ると、たいてい治る。搾乳牛舎の牧夫長は、ここは乳房が充血して固くなる牛が少ないし、乳房が固くなって困るということが、他の牧場より少ないといっている。

4　乳房の弱い部位を強くする方法

問　乳房の４つの分房のうちで、発達しない弱いところができて片乳になった場合どうして治すか。

答

1.　オーバーブルーク牧場のマーク・H・キーニィ氏　　2歳牛が分娩した〈初産〉とき、乳房の1つまたは2つの分房〈乳房は4つの分房に分かれている〉が十分に発達せず、弱く、小さいときには、その弱い、小さい部位を最初にことさらによく搾る。普通、その部位は前の部分であるから、前から先に搾る。しかし種雄牛を選ぶとき、長い間父母牛の系統で乳房の形のよい牛を選んでいるから多くの牛は、どこも弱いところのない立派な乳房をしている。ベーカー・ファームは、よい乳房というものは非常にたくさんの意味があるものだといっている。本当に私たちもそう思うから、乳牛の繁殖には乳房のよい系統のものを交配している。

2.　オズボンデール牧場のフレド・M・ニコルス氏　　温めること、たびたびマッサージしてやることで、たまに治ることがある。いつもそばにいてよく世話をしてやり、くり返しくり返し、弱い方を幾度も搾ってやる。そうすると血のめぐりがよくなるから、発達してきて普通の形にまでなることがあるが、多くの場合は頑固なもので治らない。

3.　ウインターサー牧場のウイリアム・E・リード氏　　初めに搾る部位は、もっとも多く乳を出すものである。それは、搾る人の与える刺激と、牛が知らず知らず起こすこの部位の緊張と相まって、その部位が発達することになるからである。だから、強くてよく発達している大きい部位にくらべて、いくぶんでも弱い小さい部位を先に搾ることにしている。そして強い方から乳が出る間は、弱い小さい方から乳が出なくて、すでにからからになっていても、いつまでも搾る。こうしていると7〜14日ほど経つと、弱かった方もいくぶんよくなって大きくなってくる。だらりとひどくゆるんでいる部位ができた場合は、多くは2産目のときの搾乳と手当てで治る。ゆるんでいない反対の側の部位に、同じ分量の乳が生産されるように刺激をしてやれば、だんだん発達してきて治るようになる。

4. W・L・ヒズル父子牧場のクラーク・ヒズル氏　マッサージをすれば治る。

5. パブスト牧場のホワード・クラップ氏　ここでいっている弱い部位ということの意味がわからない。乳房炎にかかったことがあるために小さいのか、また親譲りで、他の部位より小さい部位があるということなのかわからないが、いずれの場合でも、弱い部位を強める方法については知らない。

6. クオンクオント・ファームのヒュー・モリル氏　搾乳する場合に、弱い部位を強い部位と同じに〈乳は出なくても〉搾ることと、根気強くマッサージしてやることである。

7. ホーソン・ファームのケン・モンソン氏　マッサージすることと、刺激する軟膏をつけてやることで、たまには効き目がある。

8. メイタグ牧場M・M・キャンベル氏　よい方法があれば私の方で教えてほしいと思っている位だ。とかく、弱い部位はできるだけたびたび搾ることがある。最初に搾り、また最後に搾ることだ。しかしこれがどれだけ効き目があるか知らない。分娩後弱い部位をよくマッサージしてやると、幾分よいようである。また初産牛のときは弱い部位があったものが、2産目にはかなり治ってきて、乳房の底がかなり平らになってきたものであった。

9. ローモント・ファームのG・A・バーディク氏　よい方法があるとは思われない。あるときはよくても常によいとは限らない。とにかく気づいたことを2～3あげると、軽い発泡剤を分娩前に〈普通は石油〉をつけるとよい場合がある。弱い部位は乳をあげるとき、よほど注意してあげなければならない。伝染病の乳房炎が乳房についているときは、それを吸収させないように搾り出さなければいけない。乳がたまれば2～3時間おきに搾るとよいようだ。前の乳期に乳房が病気になっていたならば、弱い部位のできることが多い。それがひどくて乳房の組織が固くなっていれば、血のめぐりがよくないから、そうなったらもう手のつけようがない。

10. カーネーション・ファームのR・E・エバーリィ氏　マッサージすること、温めると、特別にたびたび搾ることが、もっとも普通の手段である。弱い部位の血のめぐりをよくする方法をしなければならない。温めて、マッサージして、幾度も幾度も乳を搾ることがよいようである。

11. メリーランド・ポート・デポジットのベール・S・クルバー氏
分娩したときにたびたび搾ることと、乳をあげるときにケロシンをつけて、発泡させることがよいようだ。しかし菌のために、乳房の組織がこわれているときには効き目がない。

5 垂　れ　乳

問　乳房の組織がこわれて垂れ下がった牛はどうしたらよいか、また垂れないようにするにはどうしたらよいか。

答

1.　メリーランド・ポート・デポジットのベール・S・クルバー氏
乳房が垂れ下がるような牛は、かけがえのないようなよい牛でなければ売ってしまったらよい。大事な牛なら仕方ないから、軽い飼料をやっておく。分娩前乳房が張ってきたら、すぐ1日2～3回ずつ、普通の搾乳時間に搾ってやる。もっともよい予防法は、乳房が体へよくついている雌牛を基礎牛に選んで、そういう乳房のよい系統の種雄牛のみを交配していくことである。

乳房の体へのつき具合と、乳房の故障が起きやすい牛は確かに遺伝するから、注意して避けることである。乳房が張ってくれば、分娩前でも搾乳時間に搾ってやれば、垂れ下がることを防ぐによいようだ。1日に2回搾るよりも3回搾るのがよいようである。

2.　パブスト牧場のホワード・クラップ氏　　乳房の垂れ下がった牛は、元のように乳房はよくならない。垂れ下がっている乳房がそれ以上垂れ下がらないようにするには、1日2回以上搾って重みを少なくすることがよい。また乳房が張ってきたら、分娩前でも、大きな重い乳房の牛は、普通の搾乳時に搾るのがよい。なんといっても、乳房が体によくつき、一生涯立派な乳房をしている牛の系統から繁殖していくのが、一番大切なことである。

3.　ミルフォード・メドゥース・ストック・ファームのジョン・ラスト氏　　垂れ下がった乳房は、分娩のときに乳房がふくれて、ますます垂れ下がるようになるものである。そんな牛は搾りにくいから、乳母牛として他の子牛をつけて乳を飲ますようにするとよい。子牛が常に飲むからよい。垂れ乳にならない予防法としては、これは遺伝であるから、基礎牛を選ぶときにそういう牛を避けることと、交配する種雄牛を選んで繁殖することよりほかはない。

4.　ウインターサー牧場のウィリアム・E・リード氏　　垂れさがった乳房をよくする方法は知らない。ひどく垂れ下がった乳房の牛で、乳をたくさん出している牛もある。1頭は2回搾り10ヵ月乳脂量756ポンド（340kg）、もう1頭は2回搾りで乳量23,000ポンド（10,350kg）近くも出た。しかし誰もがきらう垂れ乳だから、乳房の体へのつき具合の弱い牛は、繁殖牛にしない方がよい。このような牛は、初産のときに特別に手当てをしたら防げるようである。

こういう牛には、分娩前に軽い飼料をやるとよい。青刈りトウモロコシやコーンサイレージ、熱を起こすような濃厚飼料は分娩前最少限3週間はやらないでおくと、ひどい水脹れもしない。こうしても脹れてくるようなら、分娩前から搾ることである。

5.　ローモント・ファームのG・A・バーディク氏　　垂れ乳を治す確かな方法は知らない。袋をつくって乳房を入れ、体に吊ると幾分よい。また乳房に炎症を起こし、熱を持たせるトウモロコシのような飼料を食わさない方がよい。こういう牛はある血筋のもの、また系統の牛の特性であり、また初産のときあまり栄養をよくし、また飼い過ぎると、とてつもない大きな乳房となり、またときどき乳房に固いところができる。そうすると乳房の組織が緊張してくる。こういう牛が、歳をとると組織が破れて、体についた筋が弱り、垂れ乳房となるものと思う。

分娩前にたびたび搾ること、飼付けに注意すること、トウモロコシやトウモロコシから製造した飼料は一切やめて、小麦麬や糞をやわらかくする飼料を食わせること、アルファルファ乾草の代わりに軽い混合乾草〈マメ科牧草の少ない〉をやり、運動をよくしてやり、寒いまた湿った床の上に置かず、また湿った隙間風の吹き込む牛舎内に置かず、牛房に清潔な寝藁をたくさん入れてやるなど、注意して扱えば予防によい。

6.　クオンクオント・ファームのヒュー・モリル氏　垂れ下がっている乳を吊り上げておく装具はあるが、これもよいと思う。しかしたくさんの牛を扱うことになれば、とても面倒でやりきれない。私の経験では、これは遺伝した特性であるから、こんな牛から子牛をとらないようにすることだと思っている。垂れ下がる乳房をひどく垂れ下がらないように予防するなんて、人間わざではできないことだと思っている。

7.　ホーソン・ファームのケン・モンソン氏　乳房の組織が破れて垂れ下がったものは、手のつけようのないものである。どうしてよいか私にはわからない。ある場合には分娩前から搾るのもよいだろう。本当に能力のよい牛はたびたび搾ってやればよい。

8.　オーバーブルーク牧場のマーク・H・キーニィ氏　ひどく垂れ下がった乳房は遺伝の場合もあろうし、また乳房の病気のためになったもの、また飼料の食わせ方の悪かったために起こったものであろうが、その牛が特に価値があるよい牛であれば、よく手当てしなければならないから、まず独房に入れておかなければならない。こんな牛から子牛をとることには反対の人もあるが、かける種雄牛の系統が乳房のよいものであれば、その間に生まれる娘牛の乳房は好ましいものもできるものであるから、むやみに投げたものではない。

私のところで乳房のよい系統の牛から、ときどき組織がこわれて垂れ下がる乳房の牛が出たことがあり、また母牛はとてつもない垂れ乳房でありながら、非常によい乳房の娘牛が出たこともある。普通の能力〈まず5,400ℓ台の牛〉で垂れ乳の牛は屠場行きにした方がよい。1日100ポンド（45kg）出す牛ならばまずよいといえようが、この程度の能力の牛でも私は好まない。淘汰したい。

垂れ乳の牛をたくさん牛舎につないでは大変である。こんな牛を少なくするには、乳房のよい系統の種雄牛で改良するとよい。垂れ下がった乳牛から生まれた雄牛は、決して種雄牛にしてはいけない。すぐ屠殺するのがよい。しかし雌子牛は育ててよく選び、乳房のよい牛を残して繁殖に用いる。垂れ乳は遺伝するから、私の述べたようにするのがよいと思う。

6　子牛の飼養法

問　子牛が生まれて7日間の飼料の予定表と、一般の注意および取扱い方を教えてほしい。

答

1.　メリーランド・ポート・デポジットのベール・S・クルバー氏

産室は消毒して清潔にしておき、生まれた子牛は母牛と24～48時間一緒にした方がよい。子牛が元気よく、活動するほど強くなっていれば、清潔に消毒した哺育房に移す。できることなら、生まれてから7～10日間はその子牛の母牛の乳を飲ませたい。哺乳量は子牛の大きさと元気さによって違う。1日3回哺乳し1回に2.5〜3.5ポンド（1,125〜1,575g）ずつやる。時間は8時間おきにきちんと飲ませる。殺菌した哺乳バケツに入れて飲ませるが、乳の温度は摂氏32度より低くてはいけない。

子牛の腹の様子によく注意し、具合が悪ければ浣腸する。生まれて48時間のうちは浣腸しても害はない。乳牛群に下痢のもの、出血症、また肺炎の牛がたくさんあれば、子牛が生まれて24時間内に白下痢の血清を注射しなければいけない。子牛が生まれて7〜10日たてば哺乳量を増やす。牛乳を小売しているときは、哺乳量を減らさなければならないことがたびたび起こる。

生まれて1ヵ月経てば、牛乳はなくとも子牛は立派に育つ。それにはカーフマンナとかカーフペレット、またフークグレインなどがあるから、それを代用する。清潔な寝藁を十分に敷き、飼槽乾草の草架を子牛の前につくってやり、水をいつでも飲めるようにしておき、新鮮な空気を十分に吸わせ、運動をさせることが必要である。

2.　クオンクオント・ファームのヒュー・モリル氏　　広い産室には清潔な寝藁をたくさん入れて子牛の生まれるのを待つ。生まれたならばすぐ後で臍をヨードで消毒し、次に子牛の下痢ワクチンを2cc注射する。母牛と2日間一緒におき、3日目に独房に入れ、バケツから哺乳することを教える。乳量は子牛の大きさにもよるが、1日に4〜5ポンド（1.8〜2.3kg）飲ませ始める。2回に飲ませる。

子牛が生まれて7日経てば、カーフスターターを2〜3個口に入れてやると、子牛はしゃぶり始める。手にこのペレットを2〜3個持って、小さいペレット入りの箱を掛けてある牛房の壁のところにつれていって食わせる。次に哺乳した後、そうしてペレットを食わせれば、その後は哺乳後ひとりでペレットを食うようになる。こうしておけば、少し大きくなって他の子牛と一緒においても、自分より小さい子牛の耳を吸ったり、尾を吸ったりしない。

子牛が大きくなってくると次第に全乳を減らして脱脂乳に替えていく。これは少しずつ替えていかないと消化が悪くなるから、注意してやらなければいけない。私のところでは1日に脱脂乳を10～12ポンド（4.5～5.4kg）やることはまれである。乾乳中の牛に食わせる濃厚飼料をやった上に、ペレットを増やしていき、上等の乾草を食うだけやる。

生後2ヵ月半から3ヵ月になると、グラスサイレージを少量と、ビートパルプ少量ずつ食わせ始める。幼い子牛には新しい飲み水をたくさん置いて、飲みたいときに飲めるようにしておく。広い牛房にはきれいな寝藁を寝る所へ敷いてやる。

3.　パブスト牧場のホワード・クラップ氏　　子牛が生まれたならば、臍をヨードチンキで消毒する。清潔な寝藁を敷いてやる。母牛の乳を子牛がよく飲むか見ている。出血性敗血症予防の血清10ccと、出血症予防の生菌5ccを、生後24時間内に皮下注射し、また3日して出血症予防の生菌を10cc皮下注射する。生まれた子牛は3日間母牛と一緒におき、4日目に乳母（うば）牛につける。できれば最近分娩した牛につける。乳母牛には他の1～2頭と一緒につけておく〈6～8週間まで〉。乳母牛から離せば、コイナー哺乳バケツで1日2回哺乳する〈バケツの縁に乳首のついているもの〉。脱脂乳を7～14日間やる。次に普通のバケツで哺乳する。不消化は起こさない。乳母牛につけたときから子牛は乳母牛の食う乾草をしゃぶるようになり、濃厚飼料も食うようになる。哺乳をやめると濃厚飼料も乾草も食うようになる。

4.　メイタグ牧場のM・M・キャンベル氏　　生まれた子牛は普通3～7日位親牛と一緒におく。母牛は1日に2回から4回搾乳する。そうしておくと、子牛は乳を飲み過ぎない。この方法ならば、生まれた子牛の初めの1～2週間の育て方は一番たやすい。ただ乳を飲み過ぎないように注意することと、よく乾いた所へおくことである。生まれて6～8週間経ったときが、子牛の育成中一番むずかしい、危険なときである。

搾乳牛が多くて、スタンチョンにつないでおくにはかわいそうな老齢牛が1～2頭いたら、その牛を搾乳牛舎の近くの建物か、牛舎の中の独房に入れてやり、生まれた子牛2～3頭つけてやるとよい。また哺育舎に他の子牛と一緒においてある子牛のなかに、元気のないものができたときは、乳母牛につけておくと2～3日で元気がよくなることが多い。

乳母牛につけておくと体温と同じ乳を少しずつしか飲まない。その上飲んだ乳がすぐ第三胃に入っていくから、第一胃に入るひまがない〈第一胃の中で発酵を起こし不消化、下痢を起こす心配がない〉。人工哺乳をやると、よく子牛がぐいぐい音をたてて大急ぎで飲むため、乳が第一胃にまぎれ込んでいくことがある。幼い子牛を人工哺乳するときには、最初の1～2週間は、1日に8～10ポンド（3.6～4.5kg）より多く飲ませてはいけない。それも1日3回に分けて飲ませたほうが、2回に飲ませるよりもよい。また、生まれての子牛の臍は、ヨードかヨードチンキで消毒していたが、たびたび臍がはれた。2～3年間はそのままにしておくが、それ以来1頭も臍帯炎を起こさない。

5.　ウインターサー牧場のウィリアム・E・リード氏　　きれいに消毒した産室で子牛が生まれると母牛がなめてくれる。そのうちに臍を消毒する。その後で子牛を母牛の前においてやると、なめて乾かしてくれる。牧場に数ヵ月前から子牛の下痢と肺炎があったならば、下痢予防血清と出血症予防生菌を、使用法に従って皮下注射する。子牛は初乳を2～3回十分に飲ませて哺育舎に移す。哺育房はよく消毒しておく。哺育舎に連れて来るときは、ひどい寒さにあわせないようにしなければならない。

哺乳には、新鮮な全乳をバケツから飲ませる。搾乳牛から搾りたての体温位のがよい。量は１日の哺乳量5.5〜6.5ポンド（2.5〜2.9kg）とする。母牛の乳を飲ませるのがよいと思っているが、できないから他の牛の乳も混ぜている。生まれて１週間は特にきれいな寝藁をたくさん敷いてやり、隙間風に当てず、夏はあまりひどい暑さにあわせないようにしておけばそれでよい。静かにしておくほどよい。哺乳量は子牛が成長するにつれて１日８ポンド（3.6kg）まで増やす。子牛が生まれて２〜３日すると、穀物と乾草を入れてやる。生後８〜10週間経てば脱脂乳に切り替えていく。

6.　ローモント・ファームのＧ・Ａ・バーディク氏　　母牛につけておくのは、できることなら２〜３日位にした方がよい。乳母牛が得られないときには、生後２週間はコイナーサッカーバケツを用いている〈前記コイナーバケツと似たもの〉。温度と哺乳量を一定にすることが大切である。脂肪の濃い乳は⅓量温湯を加える。いつも体温に温めてやることを忘れてはいけない。第３週間目にコイナーバケツをやめて、普通のバケツから飲むことを教える。

4〜5週間全乳を飲ませてだんだん脱脂乳に替えていき、生後３ヵ月まで脱脂乳をやる。量は子牛の大きさと食欲を見て判断するが、飲ませ過ぎないように注意する。乾草は上等のクローバ乾草をやる。私のところでは、幼い子牛には生後３週間までペレットを自由に食わせ、つぶしエン麦もペレットに混ぜてやる。新しい水をたくさん置いて飲みたいだけ飲ませる。蛋白質含有量12パーセントの濃厚飼料〈乾乳中の牛に食わせるもの〉と子牛向けの飼料をやる。一番よい系統の子牛は、乳母牛に生後4〜6週間つけておく。

7.　オーバーブルーク牧場のアート・カーレン氏　　哺育舎の中に設けてある産室は、予めよく消毒しておき、その中でお産がすんだ牛が他に移されると、寝藁をすっかり出して掃除し、消毒をして２日間空けておき、次の分娩予定牛を入れる。分娩したら、子牛の臍の緒は、手で６インチ（15.2cm）足らずに引きちぎり、その中にある汁を搾り出し、ヨードをうんと臍帯につけてその先端をヨードの液で湿す。次に下痢予防の生菌を6cc皮下注射する。

生まれた子牛が立ち上がらない前に母牛の乳房、膁（けん）、四肢、腹を漂白粉をといた液で洗い、乳頭の先にたまっている乳をちょっと搾り出す。子牛が立ち上がれば、すぐ初乳を少し飲ますために母牛の乳房につけてやる。私たちのところでは、子牛を母牛に2日だけつけておく。3日目の朝は母牛から離して、その日は何も飲ませない。翌朝までそのままにしておく。4日目の朝からバケツで哺乳する。子牛には搾乳牛舎から普通の搾乳時刻に搾った乳を、冷えないうちに飲ませる。1日8ポンド（3.5kg）より決して多く飲ませない。

バケツから哺乳を覚えたならば、カーフマンナを少し哺乳バケツの底に入れて食うのを手引きする。自由に食わすために、小箱に入れて哺育房に置いてあるカーフマンナを、他の子牛のように食うまで続けてやる。艶のよいクローバの混合牧草をいつも子牛の前に置き、好きなときに食えるようにしておく。粗蛋白質含有量16～17パーセントの濃厚飼料とビートパルプを、かさで同量を混ぜて食わせる。これを哺乳後すぐにやる。

そして約10分間子牛をスタンチョンにかけておく。そうすると濃厚飼料を食うことをすぐ覚えるし、他の子牛の耳などをしゃぶることを忘れる。こういう飼料の与え方をすると、乳離れさせやすい。私の牧場では哺育房に4頭分のスタンチョンがあり、自動給水カップがついている。また1日1頭当たり肝油スプーン1杯（約15mℓ）を哺乳のバケツに入れて乳と一緒に飲ませる。

8.　W・L・ヒルズ父子牧場のクラーク・ヒルズ氏　　子牛は生まれた後、普通24～48時間母牛と一緒におく。1～2日後バケツから人工哺乳を始める。最初の1週間は1日に乳を6～8ポンド（2.7～3.5kg）より飲ませない。できるなら母牛の乳を飲ませたい。母牛の搾乳の回数によって、1日に2〜3回哺乳する。搾乳し、まだ温かいうちに飲ませる。温めないで体温のままで飲ませたい。分娩後最初の乳は生まれた子牛の整腸に効果を持っている。

生まれた子牛の糞をやわらかにする必要のあるときは、ヒマシ油を1〜2オンス（29.6〜59.2mℓ）飲ませればよい。糞がやわらか過ぎれば、哺乳量を減らせばよい。

9. ホーソン・ファームのケン・モンソン氏　　私のところでは、生まれた子牛は4〜7日間母牛と一緒におく。下痢したらすぐ母牛から離して石油を3オンス（約89mℓ）位飲ませ、12時間乳を飲ませない。現在では1日2回哺乳している。

普通の大きさの健康な犢には、母牛の乳ばかりでなく他の牛の乳も混ぜて、1回に4ポンド（1.8kg）飲ませている。体温かそれより少し高い温度にして飲ませる。哺乳バケツは殺菌しておく。また子牛には、肺炎予防の混合生菌を注射することをすすめる。生まれてすぐには第1回目のワクチンを注射しておく。

7 子牛の肺炎

問　肺炎を見分ける方法とその予防法・手当てについて。

答

1. ホーソン・ファームのケン・モンソン氏　　肺炎ということがわかるもっともよいしるしは、子牛の呼吸で見分ける。子牛が咳をするのを見たら、よく気をつけている。呼吸が困難なようであったら、胸の左右の側に耳を添えてみると、肺のところにがたがた濁った音が聞こえる。

肺炎だと決まれば、子牛を隔離して、隙間風の入らない気持のよい牛房に入れ、毛布を着せ、肺炎の手当てをして薬を飲ませる。肺炎とわかったらすぐ手当てをしないと、手遅れでよく死ぬ。

予防法としては、混合生菌を注射し、できるだけ隙間風の当たらない所におく。混合生菌を注射しても、必ずしもかからないとは保証できないが、注射しておくと、もしかかっても軽いし、手当てしやすいから早く治る。私のところでは生菌をたくさんの子牛に注射したが成績がよかった。

2.　ローモント・ファームのG・Aバーティック氏　　子牛の呼吸が困難であり、また速くなったようであり、耳を垂れ、体温が高く、鼻先が乾いて食欲がなくなれば、だいたい肺炎とみてよい。しかし下痢と肺炎はときどき一緒に起こるものである。

予防法としては、生後2〜3日して肺炎の混合生菌3〜4ccを皮下に注射する〈筋肉注射でもよい〉。これを6〜7日間続ける。しかし必ず効くとはいえないが、大変よいように思われる。

予防は治療よりやりやすい。乾燥した、温度の変わらない、あまり暑くない空気の流通のよい所においてやるのが何より必要だ。特に生まれて2〜3週間は、抵抗力の弱いときだから注意するように。

3.　ウィンターサー・ファームのウィリアム・E・リード氏

子牛の肺炎は食欲が減る。心臓の鼓動が速くなり、高熱が出る。速くて困難な呼吸をする。子牛の肺炎は伝染する。慣れない人が瓶に書いてある使用法を見て、血清、また生菌を注射したことによるものが多いようである。経験のある人は子牛の肺炎の手当てを覚えているが、血清の注射と危険な熱の引き下げ薬などは、扱いがむずかしいものだ。私は子牛の肺炎の手当てに慣れた上手な獣医師を迎えて、早く手当てをするのがよいと思っている。また肺炎で死ぬ子牛が多いから予防が大切だ。血清も生菌もいろいろあるから、伝染を予防することができる。子牛が生まれると間もなく注射している。

4.　メイタグ牧場のM・Mキャンベル氏　　肺炎を見分けるのは、そう簡単なものでない。幼い子牛の病気のしるしは、よく似ていることがあるようである。私のところでは肺炎その他の病気で、子牛が死んだことはごくまれである。肺炎の最初の兆候は、元気がなくなる。その場合には、他の子牛から離し、次にヒマシ油を飲ませる。哺乳量を減らす。幼い子牛には温かい牛乳を少しずつ１日に3～4回飲ませる方が、１日２回飲ませるよりよい。

子牛の元気がなくなったら、出血性敗血症の生菌を3cc皮下注射するとよい。ウィスキーを少しお湯に混ぜて１日数回飲ませるとよい。子牛がますます悪くなると、呼吸するたびに胸の側に音がしだす、また耳が垂れる、食いたがらない、飲みたがらない、食欲がなくなる、そうすると肺炎になったと思われる。毎日出血性敗血症の血清を50cc注射すると効き目がある。

少し元気になったら、温かくした牛乳を瓶に入れて無理にでも飲ませる。少し興奮剤を入れてやるとよいようだ。実は肺炎を治すためにいろいろ薬を使ってみたが、あまり成功しなかった。ところが馬に用いるインフルエンザの血清を用いてみた。風邪にも肺炎にも効き目があった。よほど肺炎がひどくなっていても治った。普通馬匹用血清を毎日10cc皮下注射すると、初期なら成績がよかった。糞のやわらかくなる飼料と肺炎の注射を同時にやる方がよいようだ。

肺炎がひどくなるとこういう注射をやったが、それから１頭も死ななくなった。初春と晩秋には特に注意して、舎内の温度を整え、隙間風をなくしてやり、気候の変り目に注意しなければならない。

5.　W・L・ヒズル父子牧場のクラーク・ヒズル氏　　肺炎の最初の兆候は、胸の脇で軽い濁音が聞こえることであろう。ひどくなるにつれてこの音がひどくなり、また速くなる。よく注意すると呼吸が荒くなって、熱が高くなってくる。このとき、隙間風に当てないことである。これ以上は獣医師にやってもらう手当てになる。予防法としては空気の流通をよくし、冬の間は隙間風に当てないように注意する。

6.　オーバーブルーク牧場のマーク・H・キーニィ氏　　哺育舎

を十分に設備してからは、子牛が100頭もいるのに1頭も肺炎にかからなかった。前には随分肺炎があった。肺炎の主な原因は、不完全で貧弱な、隙間風の入る哺育舎であると思う。肺炎は高熱に呼吸困難が伴う。ときどきひどい下痢をしていて、肺炎を起こすこともある。

現在は予防というか、注意として、生まれたばかりの幼い子牛に、ひどい寒い天候のときは麻袋を背中にかけて巻いてやる。それから生後4週間もするとその麻袋をとってやる。昔は肺炎のひどいときには獣医師を迎えたものだ。

7.　パブスト牧場のホワード・クラップ氏　　子牛の肺炎は、呼吸が速いこと、鼻孔から粘液が垂れる、高熱が出る、子牛の胸に耳を近づけると肺臓のかすり音が聞える。頭を垂れ、前肢をふだんより開き気味に立つなどによってわかる。

私のところでは、子牛にも毛布を掛けてやり、出血性敗血症の血清を注射し、他の子牛にいじめられないように隔離してやる。また乾いた暖かい所におき、乳首のついたバケツで哺乳してやる。元来肺炎と出血性敗血症とは関連しているから、後のものだけ防ごうとすると、前者も後者も両方ともなんの効果もない。

子牛が生まれた日、また2日目に出血性敗血症の血清を10cc皮下注射し、また出血性敗血症の生菌を5cc皮下注射する。また3日後に出血性生菌を10cc注射する。こうした子牛40頭のうち、たった1頭だけ真症肺炎になった。それもごく軽かった。私のところではまた肝油を離乳後に子牛に飲ませる。乳の中に1日スプーン1杯（約15mℓ）入れてやる。

8.　クオンクオント・ファームのヒュウ・モリル氏　　子牛の肺炎を他の病気と区別するのはなかなかむずかしい。他の病気と兆候がよく似ているところがある。肺炎では高熱になり、呼吸が速く、子牛の肺臓からかすり音が聞こえる。

子牛の肺炎は出血性敗血症から起こることがある。しかし出血性敗血症の手当てをしなければ肺炎になって死ぬ。とにかく子牛が肺炎になったら他の子牛から隔離し、寝藁をたくさん入れ、新鮮な空気の所におき、夏の暑いときには牛舎の外に出し、よい空気を呼吸させる。

私のところでは出血性敗血症のアグレシン2ccと肺炎混合生菌4ccを注射する。毎日1度ズルファミン60グレーン（約3.9g）を水0.3ℓに入れて飲ませ、熱が下って呼吸がしやすくなるまで続ける。12ヵ月経った若雌牛にはズルファミン200グレーン（約13g)、成牛には300グレーン（約19.5g）を水0.54ℓにとかしてやり、またマチン種子半オンス（約14g）を煎じて1日1回飲ませ、熱が下がるまで続け、よくなった。

だいたい子牛は食欲がない。食うだけの粗飼料と牛乳を飲ませてやる。また1日3回生卵を1個ずつ飲ませてやる。以上が私のところの予防法である。毎日1頭1頭をよく見ているから、どこかちょっとでも変わったところがあればすぐわかる。

一番よい予防法は、子牛を世話する人が子牛を愛することだ。扱っている子牛が病気のときはダンスにも行かず、友達と約束していた映画も中止するほど、熱烈に子牛をかわいがるようでありたい。

9.　メリーランド・ポート・デポジットのベール・S・クルーバー氏　　健康な両親牛をよい飼育で飼い、よい取扱いをしていれば、その間に生まれる犢は元気で生き生きしていて、病気に抵抗する力強いものである。その子牛が生まれるときに、肺炎が流行っていればまた別であるが、よく生まれてきた子牛には肺炎はごくまれである。生まれて6～8週間は独房に入れておきたい。独房の壁の継ぎ目はしっかり合っていて、隙間風が入らないように、またよく清潔に消毒しておく。よく日光が当たり、空気の流通をよくしておく。

乳牛群に肺炎にかかった牛があれば、出血性敗血症のワクチンと、肺炎の混合生菌をよく注射しておけば予防になる。毎日１日２回子牛の体温をとっておく。大切な高価な子牛が幼いとき肺炎になったなら、乳母牛をつけるとよい。人工哺乳するよりよい。子牛には消毒したきれいな毛布を着せ、温かい空気の流通のよい、光線のよく当たる部屋におく。しょうのう油の注射も効き目があることがある。

8　子牛の下痢

問　子牛が下痢をしたときの手当てと予防法。

答

1.　バブスト牧場のホワード・クラップ氏　　私のところでは子牛は乳母牛につけているから、下痢についてはあまり心配がない。何年か前には子牛が生まれたときに、子牛の下痢の血清を注射したが、最近はやめた。下痢のときは哺乳量を減らす。治療法で特によいというのはない。乳母牛を用いるのもよい。

2.　メリーランド・ポート・デポジットのベール・S・クルーバー氏　　健康な乳牛群では、衛生に注意していれば子牛には下痢は少ない。予防は治療よりたやすい。下痢の子牛が多ければ下痢の混合生菌を注射すればよいこともある。下痢の子牛は隔離して、伝染しないようによく消毒する。食い過ぎや飲み過ぎはいけない。生卵は特によい。グラウバー塩もよい。グリセリンと温湯で１日２～３回浣腸するとよい。

3.　クオンクオント・ファームのヒュー・モリル氏　　下痢はいろいろな原因から起こる。白下痢に対しては、私のところでは、犢が生まれるとすぐ子牛の下痢の混合生菌を2cc注射する。白下痢の兆しがいよいよあるときには、あらためてさらにまた2cc注射する。冷たい乳を飲ませると下痢を起こすし、また脂肪分離器から出たばかりの脱脂乳も泡も下痢の原因になることがある。

汚ない牛乳取扱具、汚ない容器で哺乳すること、食い過ぎ、飲み過ぎ、哺乳時間を決めないことからも下痢が起こる。私のところでは哺乳後必ず殺菌する。病気の子牛の哺乳バケツで他の子牛に飲ませないことにしている。

4.　メイダク牧場のＭ・Ｍ・キャンベル氏　　ヒマシ油を最初に飲ませる。哺乳量を減らし、2～3日ほとんど哺乳しないほどにする。白下痢血清を50ccと出血性敗血症血清を50ccを注射すると成績がよい。またしばらく乳母牛につける。他の子牛がその乳母牛についていれば、ちょっとの間乳母牛につけて、1日に何回となくつけたり、離したりして、十分に乳を飲ませない。

エイムズ市のウワルス博士がよい薬をくれた。これで冬季下痢の流行を短期間で止めることができた。その薬を数滴牛乳に入れて2～3回哺乳するとよい。この薬は胃腸の筋肉を収縮して、消化器を掃除する効力があるという。どんな成分か知らないが、アイオワ州立大学に行けば得られる。

風邪と肺炎には馬用アンチインフルエンザ血清を使うが、下痢その他軽い病気にも効くようだ。私のところではいくらか悪いなと思うときに、子牛に注射している。

5.　ウインターサー牧場のウイリアム・Ｅ・リード氏　　伝染性子牛の下痢には特別の血清を使っている。私たちの経験では成績がよい。消化器の故障による下痢は、普通に食い過ぎ、飲み過ぎであるか、哺乳バケツまたは牛乳容器、牛乳取扱器具の不潔なこと、不適当な飼料などによるものである。

私のところでは下痢の場合は、子牛の大きさにもよるが、最初にだいたい石油2オンス（59.2mℓ）飲ませる。そして牛乳、飼料をよく調べ、道具、容器を全部調べ、なお哺乳の温度、また毎回同じ温度で飲ませているかを調べる。哺乳前にサロールをスプーン1杯（約15mℓ）を子牛の舌の付け根に置き、哺乳量はふだんの量の半分に減らす。子牛が普通になるまで続ける。

普通になっても哺乳量は急いで増やさないのがよい。空腹にさせておく。サロールを止めて乳量を増す。衛生に注意し、バケツで哺乳していれば、乳の温度に気をつける。カーフペレットを食わせていれば下痢はない。ペレットの販売人は私にそういった。

6.　ホーソン・ファームのケン・モンソン氏　　最初に乳を飲ますことをやめる。子牛が弱ければ、出血性の血清か、子牛の下痢の血清をたくさん注射する。子牛が強く下痢の初めであれば、石油を飲ませ、12時間は哺乳量を半分に減らし、その後少しずつ哺乳量を増やす。石油は腹がやけるのをやわらげ、下痢を起こす発酵を止めるようで、大変安上がりに簡単に治る。

7.　W・L・ヒズル父子牧場のクラーク・ヒズル氏　　子牛の下痢の原因になりそうなことは多い。例えば食い過ぎ、飼料が突然変わったこと、冷たい牛乳、あまり糞のやわらかくなり過ぎる飼料、青刈アルファルファ、青刈飼料などで、これらのものは避けられる。つまり注意さえすれば、子牛の下痢は避けられるものである。

しかし下痢になったときには、哺乳量を減らす。ヒマシ油を2オンス（59.2mℓ）飲ませて消化器を掃除する。卵の白味は下痢止めによいことがたびたびある。私のところでは、獣医師からもらった下痢止め薬を使っている。白下痢は私のところにはない。これは伝染する。なくすることはとてもむずかしい。

8.　オーバーブルク牧場のマーク・H・キーニィ氏　　子牛が生まれたときに子牛の下痢生菌を6cc注射する。寒い時候には麻袋を犢にきせてやる。寒さからくる不消化〜下痢はこれで防げる。下痢にかかったら重曹10オンス（296mℓ）、グラウバー塩10オンス（296mℓ）、サロール5オンス（148mℓ）を混ぜてスプーン1杯ずつ（約15mℓ）を哺乳に混ぜ、1日に2回飲ませる。下痢が治るまで続ける。たいてい2日ほどで治る。

9.　ローモント・ファームのG・A・バァーディク氏　　下痢と肺炎はたいてい相伴って起きる。肺炎治療のためにできた混合生菌はよく効く。乳量を減らし、生卵2個を1日2回飲ませる。焼いて焦がした小麦粉はときによく効く。グラウバー塩、サロール〈クローリン〉、石灰水などもよく効く。

下痢の子牛が多ければ、衛生に特に注意した方がよい。よく子牛を世話し、清潔にしておかなければならない。獣医師を迎えて、下痢の原因を除かなければならない。

9　哺育牛舎を人工的に暖めるのがよいか、暖めないのがよいか

問　哺育舎は人工的に暖めた方がよいかどうかの経験を聞かせてほしい。

答

1.　ホーソン・ファームのケン・モルソン氏　　私は自動調節の人工暖房装置の哺育舎がよいと思う。こうしておけば一定の温度の中におかれるし、舎外の温度におかまいなしで、空気の調整もまたやりやすい。子牛には搾乳牛舎は少し風が入り過ぎることがあるから、別棟の哺育舎に入れておく方がよい。

搾乳牛は冷たい日にも舎外に出して運動させる。そのとき搾乳牛舎は急に摂氏で－6～－3.8度も下がることがある。そのとき、子牛はぞっと身振いする位である。哺育舎は乾燥していて、なお空気の流通がよいことが必要だから、人工的に暖房をした方がよいということである。

2.　W・L・ヒズル父子牧場のクラーク・ヒズル氏　　私の方では人工的暖房装置をつけたことがない。人工的に暖めた牛舎にいる子牛の毛並は滑らかであるが、天気の悪い日に舎外に出すときは、

何か着せて寒くないようにしてやらなければいけない。

大きな哺育房に入れてある私たちの子牛は、搾乳牛群の飼槽の列を横切って、すぐに、たくさんの子牛を追い込んでいる。子牛の給餌のときにはスタンチョンに頸をはさみ、お互いに吸い合うことを防ぐようにしてある。

3. オーバーブルーク牧場のマーク・H・キーニィ氏　私たちの経験では、人工暖房装置の必要がないのみか、かえって哺育舎には好ましくないと思っている。私たちのところでは、子牛が生まれた後、立ち上がったならば、マニラ麻袋を背から掛けて巻いてやるから、体温はよく保たれるので、暖房装置よりもよい。

産室と哺育房は、隙間風は一切避けるように装置しておかなければならない。私たちの産室と哺育房は一つ屋根の下にあり、その大きさは長さ80フィート（約24.4m）、幅30フィート（約9.2m）、約224.5平方m、天井の高さ8フィート（約2.4m）で、この中に母牛3頭と子牛35頭を入れるように設備がしてある。空気の流通は窓と天井の空気抜きの調節でやっている。窓は天候によって開閉し、気温が零下になるようなときでも、哺育舎内は摂氏4.5〜10度に保たれている。

私たちでも人工暖房装置を使い、空気を動かすのに電気扇風機をつけてやってみたが、扇風機をいくらうまく回転させてやっても、空気の循環が早過ぎて、子牛にはよくない。工事の技術者は、人工暖房装置と空気の調節は完全だといっているが、子牛の成績からするとそうはいいかねる。不完全である。扇風機による空気の循環は、今のところやらない方がよい。

4. ローモント・ファームのG・A・バーディク氏　熱を絶縁することと、適当に空気の流通をさせておくことは、暑過ぎるよりよい。また成牛と子牛とを同じ牛舎に入れておくことは、成牛の体温によって暖かいから、暖房問題を解決してくれる。子牛を搾乳牛の後につないでいるのを見るであろうが、あれでよい。

哺育舎を暖めるか否かについては、暖かいことが理想であり、またもっともよい方法は学ぶべきである。しかし私の経験では、人工で暖めた哺育舎は成績があまりよくなかった。結局肺炎その他の故障が多かった。

5.　パブスト牧場のホワード・クラップ氏　　人工暖房装置の哺育舎についての経験がない。私のところでは、子牛は乳母牛から離して哺育房に入れてある。生後10ヵ月齢まで入れておき、朝2～3時間運動に舎外へ出す。哺育房は乾燥させ、きれいな寝藁をたくさんふかふかに入れておく。

6.　メリーランド・ポート・デポジットのベールS・クルバー氏

生後6～8週間は、壁に継ぎ目なしの1枚壁で、日光のよく当たる空気の流通のよい独房の方が、人工暖房装置のものよりもよいと思う。

極寒の間は、他の乳牛群から離れた建物や部屋におくときには、いくぶん人工で暖めた方が多分よいだろう。強い健康な子牛は、生後8週間経てば2頭1組、もう少し経てば4頭1組に入れ、もっと経てば頭数を増やして一緒に入れておくことができる。

私の考えでは、人工的に暖めない所でよく日が当たり、空域の流通がよく、清潔で寝藁がたくさん敷いてあれば、それで結構である。この時期の子牛はよい空気と運動がなにより大切である。幸いなことにこうするには費用は大していらない。

7.　クオンクオント・ファームのヒュー・モリル氏　　哺育舎に少し暖房することは得である。壁や天井に湿気が集まって、しとしと滴が落ち、舎内が湿っぽくて冷え冷えするようなことがなくなる。暖房装置をつけて子牛の発育がよくなった。哺育舎の天井は低い方がよい。舎内が暖まってよい。飼槽は中央に通しておくと、きれいにするのに便利である。独房ならば壁を高くして子牛がお互いにさわらないようにしておく。

独房の長さは12〜15フィート（約366〜457.5cm）、幅4フィート（約120cm）にする。この広さならば運動もでき、多くの独房ができる。追込みの哺育房ならば12フィート（366cm）に15フィート（457.5cm）の広さなら、生後3週間経った子牛5〜6頭は入れておける。犢には草架と水桶をつけておく。市場には形のよい飼槽が売っている。空気の流通をよくする装置も必要だし、日光ができるだけ入るようにしなければならない。

8.　メイダグ牧場のM・Mキャンベル氏　　人工暖房装置をつけた哺育舎の経験はない。哺育舎はどこも温度が同じで、隙間風が入らないところならば、暖いよりもやや涼しい方が子牛のためによいと思っている。

子牛は生まれてすぐ寒いところにおけば、非常に寒いところでも結構よく育つ。しかし、温度の突然の変化、隙間風、湿っぽいことはいけないから、それぞれ防がなければならない。

9.　ウインターサー牧場のウイリアム・E・リード氏　　私の牧場では人工暖房装置をつけた哺育舎については経験がない。また、私は約30年もやっているが、その方の経験はない。しかし、私たちの子牛はよく育っている。大西洋中部沿岸地方、また北東地方ではその必要はないと思う。哺育舎は乾燥していて、隙間風の入らないことが必要だと思っている。何が一番子牛に悪いといっても、じめじめしたところに寝かせて、隙間風がひどくて子牛の毛をゆさゆさ動かしていることほど悪いことはないと思う。

日光がよく差し込んで、隙間風がなく、空気の流通がよいようにしておかなければならない。古風な牛舎では、外から入る空気は、一度天井の方へ吹き上げ、それから広がり、また窓の戸を開ければ、天井の方へ新しい空気が一度上って、それから広がるようにしてある。

10　明け２歳の妊娠している若雌牛の飼養法

問　妊娠している明け２歳の若雌牛を、どう飼ったらよいか。

答

1.　パブスト牧場のホワード・クラップ氏　　妊娠した若雌牛を肉付きよく、しかも脂をつけないようにするのが、この場合私どもの願いである。放牧中で、昼夜ともに放牧しているときならば、濃厚飼料は不要だが、よい肉付きにしておくには、放牧地の草の種類と、草生がよほどよくなければならない。

まず濃厚飼料を少しやらなければならない。冬季中、一方だけ開け放した追い込み牛舎に入れている間は、乾草とコーンサイレージだけ食わす。晩秋の放牧地の草生がよくて、肉付きがよいまま冬になったときには、そのまま乾草とコーンサイレージだけを食わせておいても、栄養状態をよくしておける。

分娩前２ヵ月になれば、乾乳牛舎に入れ、乾乳牛の濃厚飼料をやる。コーンサイレージのほかに上等のアルファルファ乾草か、マメ科牧草とイネ科牧草の混合乾草を持っているとき、私のところではそのサイレージ用のコーンにはたいてい大豆を混播しているからコーンサイレージの蛋白質が多い。そのため乾乳牛舎に移すまで濃厚飼料をやらない。

もし、よい乾草を十分に持っていないときには、コーンサイレージのほかに、濃厚飼料を幾分やる。一方開放した追い込み牛舎ではなじめない若雌牛もおり、ものおじして、他の若雌牛と一緒では食事ができず、他の牛に食われてしまう牛である。これらはスタンチョンにつないでやる方がよい。

若雌牛は分娩前２ヵ月前になると、乾乳牛舎のスタンチョンにつないで、自家産の穀物、トウモロコシ、油粕、小麦麬などを配合した蛋白質含有量の少ない配合飼料を食わせておくか、蛋白質16パーセントの市販の濃厚飼料を食わせておく。

2.　ウインターサー牧場のウイリアム・E・リード氏　　明け2歳の妊娠した若雌牛を、一方だけ開け放した追い込み牛舎に入れておくころは、サイレージと濃厚飼料を1日2回食わせる。乾草は自動草架でいつでも食えるようにしてある。サイレージは1日2回給餌して12〜15ポンド（5.4〜6.8kg）の量を与え、濃厚飼料は乾乳中の牛にやる蛋白質含有量13パーセントのものを、1日1頭平均3ポンド（1.4kg）を食わせておく。

妊娠6ヵ月で乾乳牛舎に入れてからは、濃厚飼料の分量を増加するが、それはその牛の栄養状態によって決める。この濃厚飼料は、分娩前2〜3週間位まで続ける。その後はエン麦、小麦麬、油粕と粉にしたアルファルファ乾草と、糖蜜を混ぜた軽い配合飼料に切り替える。コーンサイレージは次第に減らして、分娩前2〜3週間位になったら一切やめる。

私たちのところでは、この牛たちは特別に取扱って、おちついた気分にし、肉付きをよくし、しかも余分な脂肉をつけないように努めている。消化具合はふだんどおりで、あまり糞がやわらかくならないようにし、消化の具合も上々というふうにしておく。

3.　ローモント・ファームのG・A・バーディク氏　　妊娠中の若雌牛には、よい乾草、混合アルファルファ乾草と、水を便利な設備にして十分飲ませるようにし、きれいな寝藁をたくさん、ふかふかと入れてやることと、サイレージは少ししかやらない。

濃厚飼料は小麦麬、つぶしエン麦を等量混ぜたもの、アマニ粕とコーンミールを半量ずつ混ぜた配合飼料を、1日2〜3ポンド（0.9〜1.4kg）食わす。また食欲をいつでも盛んにして、舎外の運動を毎日させる。

4.　メリーランド・ポート・デポジットのベール・S・クルーバー氏

妊娠した若雌牛は、よく乾いた運動場、または放牧地に1ヵ所屋根をして、その下は乾いた避難所をつくってやって、昼夜自由に運動をできるようにしておく。コーンまたはグラスのサイレージを、いつでも食えるようにしておくとよい。乾草は草架をつくって入れておき、いつでも食えるようにしておく。

こうしておけば、乾草によい混合牧草、またはよいアルファルファ乾草があれば、分娩前4〜6週までは濃厚飼料はやらなくてもよい。こういう飼い方をするときには、牧草の給餌台は、舎外に設けておくとよい。外で食わせれば、舎外が濡れるほど天気が荒れさえしなければ牛は自然に外にいることになる。

5.　クオンクオント・ファームのヒュー・モリル氏　　私のところでは、妊娠した明け2歳の雌牛には、1日2回、グラスまたは、コーンサイレージをすぐ食ってしまう位少量やり、配合飼料は1.5ポンド（675g）やる〈小麦麬・つぶしエン麦・アマニ粕・コーンミールまたホミニーの等量配合〉。

そしてよい混合乾草〈クローバ・アルファルファとチモシーの混合乾草〉を食うだけやる。分娩前6日以内になれば、前記の濃厚飼料に水を湿したビートパルプを混ぜて1日2回やる。

6.　オーバーブルーク牧場のマーク・H・キーニィ氏　　若雌牛はいつもよく成長しているようにし、脂をつけず、また痩せもしていない、ちょうどよい8合程度の肉付きにしておきたいと思っている。粗飼料は食べたいだけ食わしたいと思っている。

若雌牛の牛舎にはサイロがないから、サイレージを節約して、乾草を食うだけ食わし、栄養分の足りないところは、軽い濃厚飼料に水を漬けて湿したビートパルプを2クォート〈約2.3リットル〉加えて食わしている。なお、濃厚飼料中にマンアマーを加えているから腹の調子がよい。成長中の牛が便秘しているという腹具合では、体が発育しないものであるから、消化をよくするように、便秘させないようにしなければならない。

ビートパルプとマンアマーは消化をよくする効能があるから、これをやれば栄養がよく、また発育がよくなる。また体の肉付きと骨格の組立てがよくなる。まだそのほか、体の内部の腺に特別な養分を与えるから、腺の発達がよくなり、また腺の活動が盛んになる。しかし、これは直接目には見えないが、健康で色艶がよくなり、元気旺盛になることでわかる。

それで私たちは、ビートパルプとマンアマーは若雌牛の発育に大切な養分であり、ひいては乳の生産能力の発達にも、大きな役目を果す要素であると考えている。ここで今述べているのは、生理的の状態とその発育についていうのであって、体型・外貌についていっているのではない。

明け2歳雌牛の体型というのは、共進会の審査場ではいろいろの目途で計っているが、これらは明け2歳雌牛の成育を、大いに誤らせるおそれがある。つまらぬ体型の牛でも、うまく飼ってよく発育させると、とても立派な体型の牛につくり上げることができるので、これが誤りを起こすもととなる。

7. ホーソン・ファームのケン・モリソン氏　食うだけの粗飼料をやり、成長に必要な飼料〈濃厚飼料〉をよいほどに食わせる。また炭水化物の多い飼料・脂肪の多いものはやらないようにする。

11　妊娠した2歳牛牛舎の設備

問　妊娠した明け2歳牛を冬季間舎飼いするとき、もっともよい牛房の設備はどういうふうにしたらよいか。

答

1. オーバーブルーク牧場のマーク・H・キーニイ氏　私たちは妊娠しているものも、まだ受胎していないものも、若雌牛は全部分娩前約4ヵ月まで、吹き抜き牛舎におくのがよいと思っている。この吹き抜き牛舎では、若雌牛が自由に出入りができるようにしてある。水を飲めれば、乾草も食え、その上濃厚飼料をやるから、成長もよく元気がよい。

こういっても、養分のない飼料を食わせて、痩せさせてもよいといって、そうしておくのではない。かえって活気に富んだ丈夫な牛で、8合位の肉付きで、搾乳牛舎に移すことのできる牛にしておくという意味である。3〜4ヵ月経てば、親たちから受け継いだ泌乳能力を十分に表す搾乳牛の生活を始めるのである。

2.　パブスト牧場のホワード・クラップ氏　　妊娠中の若雌牛は、冬季中屋根はあるが、南方だけは開け放した、追い込み牛舎に入れておく方がよいと思っている。外は本当に寒い。荒れた嵐の天候以外は開け放しておく。牛は外へも行けば、追い込みの中で走るなり寝るなり自由で、スタンチョンの1列が1つの側につくってあるから、そこで農厚飼料をやる。この方法で飼うと、手当てと寝藁が省ける。

3.　ミルフォード・メドゥース・スットク・ファームのジョン・ラスト氏　　妊娠した若牛は追い込み牛舎に入れて、自由に運動ができ、運動場へも出られるようにしてある。入口の戸は、ひどい寒さのとき以外は開け放しにしておく。追い込み牛舎とその運動場は、牛が混み合わないよう、頭数を制限し、また牛の大きさによって組み合わせておく。

若雌牛はごく寒い日でも、いるところが乾いてさえいれば、寒さにはかまわないものであるが、みぞれや寒くて雪が降る日、氷雨の日はいやだとみえて舎内にばかりいる。分娩前約2ヵ月になると乾乳牛舎につないで乾乳牛の濃厚飼料を食わせ始める。

4.　メリーランド・ポート・デポジットのベール・S・クルバー氏　　新鮮な空気、日光、運動、飲み水、食塩の5つのものは、妊娠した2歳牛を育てるのに必要である。安価なものであるが、さて、実際には、これからのものを2歳の若雌牛に十分にやっているブリーダーがあまりにも少ないのに驚かざるを得ない。

妊娠中の2歳の若牛は、よく乾いた運動場で、自由にいつも運動ができるようにしておいてやらないといけない。また牛が気が向けば横になるところに屋根と、囲いの蔭には乾いたところをつくっておくとよい。

私の経験では、若雌牛は屋根の下、囲いの蔭などにいることは少ないものである。私は体の大きさと年齢によって、組分けして入れている。こうするのは、牛がきたなくならないためだけでなく、元気を増やすためにもよい。

5. ローモント・ファームのG・A・バーディク氏　よく排水したところにつくった追い込み牛舎は、南方だけ開け放しにしておき、床は土間にし、16フィート（488cm）×30フィート（915cm）の建坪なら5〜6頭、またときには10頭まで十分入れておける。よい頑丈なスタンチョン部に飼槽をつくりつけ、飼槽の列には草架があり、水槽は2組のスタンチョンの間に1つ備えつけ、寝床には寝藁をたくさん敷き、日光がよく当たり、空気の流通をよくしておけば、それこそ妊娠した若牛にはよい住いである。私たちは妊娠した若牛をおいてみた。またヨーク・カンチー式去勢牛舎にも入れてみたが、どれもかなりの成績であった。しかし開放の追い込み牛舎の成績が一番よかった。

6. ウインターサー牧場のウイリアム・E・リード氏　妊娠した若牛が、妊娠6ヵ月を過ぎるまでは開放追い込み牛舎に入れ、自由に出入りできるようにしておくのがよいと思う。牛房には、体の大きさがほぼ同じ位の牛を選び、あまり荒々しくなり、走り回ったり、さわがないように慣らしておくのがよい。妊娠6ヵ月を過ぎると自由運動の時間を短くして、また他の牛に邪魔されず、十分多く食って分娩後の乳の出をよくするために、普通のスタンチョン、またはつなぎ牛房につなぐ。

特に分娩前2～3週間の取扱いにはこうすることがよい。毎日の舎外の運動は十分にさせる。そのとき運動場が凍っていると、すべってころび、流産するものができるから、表面が凍っているところには砂を撒いておくとよい。独房が広くて、運動ができるように思うかもしれないが、そうでもないから、やはり舎外に出して運動させた方がよい。

7.　ホーソン・ファームのケン・モンソン氏　　私は冬中でも妊娠中の若牛は、屋根つき、囲いは南方開け放しの追い込み牛舎がよいと思う。そしてよい運動場を南方に設けておきたい。横になれる乾いた場所をつくっておく。普通の大きさの床つきスタンチョン〈牛により調節できる〉があるとよい。これなら上々である。寝藁は少なくてもよい。ブラシは少なくとも1日1回はかけなければならないが、そのとき便利でありまた必要なら、虱（しらみ）取り粉をつけるとよい。スタンチョンにつないでそばを人が通り慣れると、搾乳牛舎に入れても後に蹴るくせがつかず、おとなしい乳牛となる効き目がある。

12　何歳で種付けするか

問　生まれて何ヵ月目に若雌牛は種付けした方がよいか、そしてその理由は。

答

1.　オーバーブルーク牧場のマーク・H・キーニィ氏　　最初は病院へ出荷する乳量を、大体毎日同じ位にしようとして種付けしたものであって、生後24ヵ月齢以下で初産分娩させようという目的で、種付けしたものでなかった。また生後30ヵ月以上に遅らせて分娩させようと、計画してやったものではなかった。

この24ヵ月と30ヵ月目との間に分娩させようとしたのは、ただ1ヵ年を通してほぼ同じ搾乳量がほしかったから、種付けしただけであった。しかし、もともと若雌牛を生後24ヵ月以下で分娩させることは、体がまだ十分に発育していないから、初産牛としてはよくない。また生後30ヵ月も経って分娩させるのは、第一その牛は、十分発育はするが不格好になり、大きくはなるがどことなく上品なところがなくなる。

それでも分娩して成牛となって、きれいな形の乳牛になるものもないとはいえないが、また一生粗野で、重くるしい上品なところの1つもない牛になっているものもある。確かに生後26ヵ月目に初産をさせる方が、初産を36ヵ月まで遅らせるよりよい。その間に1頭の牛は乳を出して稼いでいるから、36ヵ月目に初産しては、食うことはやや同じだから、とても追いつけない差がある。

2.　ホーソン・ファームのケン・モンソン氏　　若雌牛がよく成長していて丈夫であれは、生後14ヵ月で種付けしてよいと思っている。しかし将来望みがあるとみたら、年齢にかまわず、もっともよい成績を表すときに分娩させるのがよい。また検定しようと思えば、暑い夏の蠅のうるさいときを避けて検定するように、分娩させるのも一法であろう。

3.　ローモント・ファームのG・A・バーディク氏　　発育がよくて大きく、内臓のよく発育した牛は、普通に生後15〜18ヵ月齢で種付けして、生後24〜27ヵ月齢で分娩させるのがよいと思っている。

生後24〜30ヵ月齢までも種付けしないと、その後受胎させるのにはむずかしいものであり、牛乳の生産が遅れるから、間に合わない。しかし例外はないでもない。発育が遅れているものは仕方ないから、少し年とっても種付けするよりほかない。

4.　ウイリアム・E・リード氏　　私のところでは、生後17～18ヵ月齢で最初の種付けをするから、生後26～27ヵ月齢で初産分娩をする。こうすると、分娩まで2～3ヵ月間、発育をすることができる。これは若雌牛にとっては、大変に都合がよいことである。

また第1回の種付けで受胎しないことがあっても、だいたい生後30ヵ月齢までには分娩させることができる。しかし生後30ヵ月齢からまだ遅れて初産させるのは好ましくない。もっとも儲けのあるのは2、3、4歳などで、毎年分娩させることである。特に私のところでは、搾乳牛全部の365日間検定をやっているから、その必要がある。

5.　ミルフォード・メドゥース・ストック・ファームのジョン・ラスト氏　　生後30ヵ月位で初産をさせるようにしている。乳牛は体の大きさが大切だと考えているから、少し遅らせる。夏の半ばの、暑くて蠅のうるさいときの分娩させると、初産に能力を十分出すことができないので、それは避けるようにしている。

そのため春に分娩させるものができる。そうすると生後24ヵ月を1ヵ月過ぎて、25ヵ月齢で分娩するのもできる。私のところで種付けするときは、生後何ヵ月ということよりも、体の大きさと重さに重点をおいているので、小さい牛はどうしても種付けを遅らせ、体が大きくなって種付けするようになる。

若雌牛の種付けが遅れてくると、やや体つきが肉牛のようになることもあるが、それはあまり気にしていない。その牛が本当によい能力の牛であったら、搾ると体の脂がおちて、肉牛みたいなところがなくなってしまう。搾ってもやはり肉牛みたいな体の牛は、結局はよい乳牛にはならない。

6.　パブスト牧場のホワード・クラップ氏　　私の方では、生後15～16ヵ月齢で種付けした方がよいと思っている。私のところでは全頭検定するから、8月から2月、また3月までに初産を分娩させたいと思っている。春遅くと夏には初産をさせたくないので、分娩の時期を変えるようにもしている。

また、体が年齢にくらべて小さい牛は、少し遅らせ、体を大きくしてから種付けする。農事試験場では、生後24～30ヵ月目に分娩させるのが、一生涯の乳量から見ても、また子牛の生まれる数からいっても得だということを証明し、種付けを遅らせることは損だと教えている。

7.　アイオニア州立病院のハーブ・A・ミラー氏　　体の大きさが種付けする年齢にいくらか関係する。私たちの考えでは、非常に能力のよい牛は、まず第一に体の大きいことである。しかし乳牛はみな2,000ポンド（約900kg）なければよい能力は出せないというのではないが、成牛になって、平均の体重と大きさに近いところまで発育していって、長い間よい能力を表すためには、それに必要なだけの飼料を食わなければならない。

私たちの経験では、生後28～30ヵ月すれば大体成熟に近づき始める。そして発育も止まりかけるから、26～28ヵ月目に初産させるよう種付けした方がよい〈成長が幾分早く、成熟も早いものはもちろんあるから、これより早く種付けするものもできよう〉。また36ヵ月後に初産させなければならない牛もある。こんな牛は肢が長くて成熟の遅い牛である。生後36ヵ月以後分娩させるようにすると、外貌が粗野になり、丸味を帯びて肉牛型となり、乳牛としては価値のないものになる。

8.　クオンクオント・ファームのヒュー・モリル氏　　生後17～19ヵ月齢で種付けしたいと思っている。その後になると繁殖障害が多い。それに17～19ヵ月齢にもなれば、受胎してもさほど発育を害しない。

また遅らせると、それだけ搾乳期が遅れるから損である。私のところでは17～19ヵ月齢の間に種付けすることが、体をよく発育させ、乳房と乳静脈の発達をも促し、結局よい乳牛につくり上げることができると思っている。

13　老齢の種雄牛を入れておく牛舎

問　年をとった種雄牛を入れておくのに、もっともよくできた牛舎の型はどんなものか。

答

1.　クオンクオント・ファームのヒュー・モリル氏　　14フィート（約427cm）四方の種雄牛房を堅固な材料で建て、一方の戸は開けておき、種雄牛が自由に出入りするようにしておけば至極便利である。この部屋にはスタンチョンがついており、金属製の飼槽をつけておく。専属の運動場は75ヤード（約68.3m）に100ヤード（約91.4m）の広さで牧柵の柱はコンクリート製で、横材は堅固な木材を通し、その間にはボイラーのパイプを通しておく。

種付け枠場は運動場の片隅に設け、発情した雌牛を連れて来ても、種雄牛にはふれる必要がないようにしてあり、搾乳牛が多くて種雄牛が2～3頭いるときには、隣りにおくようにしておけば、お互いに見えるのでよく、運動も自然に多くするようになる。

2.　ホーソン・ファームのケン・モンソン氏　　老齢牛の運動場は、25フィート（約7.6m）×60～100フィート（18.3～30.5m）の広さのものがよいと思う。この長方形の運動場であれば、柵に沿って行ったり来たりするから運動になる。柱はコンクリートの柱がよいと思う。

柱の間には1インチ4分の3（約44.5mm）か、または2インチ（約50.8mm）のガスパイプを通し、また特別に堅固なチェーンリンクフィアを6フィート（約1.98m）以内に立っている柱の間につないでおく。囲いは隙間があって、種雄牛が自分の周囲にどんなことが起こっているかがわかるのをよろこぶようである。

特に搾乳牛運動場のできごとを見るのが楽しいらしい。運動場の端に種雄牛の部屋をつくり、出入口の戸は押して自由に出入りできるようにしておく。運動具を備えておき、運動させるのもよいようである。しかしみなそれで運動するものでもない。

3.　ウインターサー牧場のウイリアム・E・リード氏　　種雄牛は老いも若きも同様に長方形の運動場がよい。そしてその中に入れば乳牛群の活動がわかるようになっているのがよい。運動場の長い方の柵から、雌牛の放牧地、また運動場への行き来が見えるようにしておくとよい。運動場や放牧場に沿っていればなおよい。

文献によれば、種雄牛の若返り法の中で一番よいのは、自分のそばを通って行くものを見ることだといっている。私たちの経験では、若返り法は薬を飲ませて、施術をしても効果がない。また特別な方法で栄養の方から精力旺盛にするということは大体失敗した。

私たちの考えでは、年をとった種雄牛の受胎能力がなくなるというのは、それまでに取扱いの怠慢なこと、即ち運動をさせないとか、事故によるものであろう。老齢牛がいつまでも活気に富んで健康でいるには、若牛のときに元気にしておくように努めることである。

鼻カンに引き棒をつけて、日々運動させ、小麦麩にエン麦と粗い乾草など、元気をつける飼料を選んでやって、肉付きはよくするが脂をつけないようにし、種付けをし過ぎないようにしておく。これが老齢種雄牛をいつまでも精力よくしておく、私たちの秘訣である。

4.　ウインネバゴウ・ストック・ホスピタルのトーマス・ウェブスター氏　　年とった種雄牛に望む点は、取扱いに注意することである。牛房も運動場も堅固な材料で堅牢第一につくり、舎内または運動場で働くときは、種雄牛を放れないようにつないでおくようにする。

私の経験では老いた種雄牛を取扱うには、12 フィート（約 366cm）

×16フィート（約488cm）以上の大きな牛房の中に入れ、外には付属の運動場を設けておき、牛房は便利なところに、丈夫につくって、中にスタンチョンと給餌桶を一端につくっておき、その側の端に入口を設けておく。

運動場への出入口はスタンチョンの反対側で、堅固な戸が出入りのたびに自由に動いて開くようになっている。その戸はつってあるところが高くて、少し頭で押せばどちらからでもすぐ開くようになっている。戸の上には重りをつけて、外れないようにしておく。そうしないと通るときに、牛の背に戸の重さがかかるようになる。

運動場の広さは20フィート（約6.1m）×100フィート（約30.5m）で、運動が十分できる。そして乳牛群の雌牛の群れがよく見えるようにしておく。運動場の地面は他より高くもりあげておかぬと排水が効かないし、乾かない。運動場の地盤は、岩石を詰めてその上に4〜5インチ（約10.2〜12.7cm）の厚さに粗い小石を入れておくと、よい蹄にしておくことができる。

5.　ミルフォード・メデュース・ストック・ファームのジョン・ラスト氏　　私のところでは、種雄牛3頭の牛房が、主な搾乳牛舎の一端につくってある。各房とも専属の40フィート（約12.2m）×15フィート（約4.6m）の運動場がつけてある。運動場には空のドラム缶を置いてある。1頭の種雄牛は、決まったときになるとこれを動かして運動している。他の2頭はなかなかドラム缶にさわらない。

暖かい日には運動場への戸口を開け放しておく。寒い日は搾乳牛舎に寒い風が吹き込むから閉めておく。こうしておくのが理想的だと考えている。搾乳牛と同じ牛舎に入れておけば、種雄牛がおとなしくなる。

放牧期には老齢種雄牛を1頭放牧すると、大変成績がよかった。約80アールの放牧地へバラ線をめぐらし、2本のバラ線には電気を通じておく。隣りには搾乳牛が放牧されていても、電気牧柵を越えて雌牛の群れへ行くことはない。この種雄牛は14歳だが、大変元気で2歳の若牛のように精力絶倫であった。こうしておくと老齢牛をいつまでも元気に受胎力をよくしておくことができる。

6.　パブスト牧場のホワード・クラップ氏　　年とった種雄牛には、スタンチョンがついた箱形の牛房に閉じ込めることのできるようになっているのが一番よいようだ。運動するには、付属の運動場をつくっておくのがよい。運動場の一方が他方より長く、短冊型になっていると、運動するのに都合がよい。正方形にしておくと、中央でぼんやりながめているようになる。

運動場にいても外の模様がよく見えるようにした方がよい。主な牛舎の端に、冬入れておく牛房をつくってやると暖かくてよい。別棟でもよいが飲料水の便をよくすることである。肉付きがよければ、ごく寒くてもよい。運動させるために特別の施設はしていない。

7.　メリーランド・ポート・デポジットのペール・S・クルバー氏

本当によい乳牛群の統率者である種雄牛は、尊いものである。気持ちのよい便利な、もっとも常識にかなったよい部屋に入れておかなければいけない。しかしお金をかけて設備せよというのではない。実は種雄牛の9割5分までは運動場がせまくて十分に運動ができない有様である。

今では電気牧柵の便があるから、昔のように牧柵に金はかからない。私の理想の種雄牛運動場は、広さ20アール、牧草がよく生えており、形は細長くつくり、それを2つに分けて輪換放牧ができるようにする。できるなら小山の傾斜面で、種雄牛が登ったり降りたりでき、木蔭があると一層よい。飼槽と水飲場はその端につくって、牛房は運動場の他の一方の端に建てておく。

牛房は16フィート（約488cm）×24フィート（約732cm）、出入口には覆いをして風や雨が吹き込まないようにする。ただし種雄牛が年中自由に出入りできるようにしておく。出入口の戸はすべりをつけて、すぐ開くようにしておく。運動場内に屋根付の種付け枠場があると、種付けにいつでも使えるからよい。

こうしておくと、自然の中に暮らしていることになり、放牧期中は青草が主な飼料となり、運動も自由だから、蹄もよくなってくる。精力もよく、受胎能力もよく、小さい部屋に閉じ込めておくより、長く種付けに用いられる。よい牛房と運動場のない場合は、毎日引き運動をするか、また運動具を備えて運動をさせるよう工夫する必要がある。

8. オーバーブルーク牧場のマーク・H・キーニィ氏　ブリーダーでも、年とった種雄牛のために、理想的な牛房と運動場を備えている人は多分少なかろうと思う。そこで私が思うのは、改造するならば、細かい部分のことであるが、全部それを改良したいと思う。種雄牛の牛房であっても、体を回すときに壁にぶつからない広さがあればよい。

運動場は、種雄牛が走ることができ、また立っているときに気が向けば後肢を上げて、はねとばすこともできるだけの余裕がありたい。造作はどこまでも安全第一で、どんなに種雄牛があばれてもぜったい安全にしておく。入口の門、種付け枠場、スタンチョンは、丈夫で取扱いにも危険がもっとも少なくしておく。

牛房、運動場、種付け枠場の造作の細かい青写真は、多くの農事試験場から出ている。種雄牛舎から、年中いつでも自由に出入りすることができるようにしておきたい。種付けのとき以外は手をつけない。種雄牛の牛房からも運動場からも、搾乳牛が牛舎から出入りするのが毎日見られるようにしておくと、雌牛を見て、自然に種雄牛はあちこち運動するものである。

こうしておくと、よほど老齢牛になっても種付けができ、また受胎能力をよくしておける。私たちの牧場の一番の老齢種雄牛ベル・ファアーム・スゾーンは、今満14歳であるが、なお活気があり、精力がよい。この牛を特別に取扱うのは、10年間に2～3度だけつめ切りしただけである。

9. アイオニア州立病院のハーブ・A・ミラー氏　私の経験では、新鮮な空気と十分な運動、よい飼料に気をつけることが、老齢種雄牛の精力を保つ方法だと思っている。私たちの種雄牛の運動場は、30フィート（約9.2m）×60フィート（約18.4m）の広さで、3インチ（約76mm）径の古ボイラーの鉄管と鉄筋コンクリート支柱を立て、牛房は12フィート（約366cm）四方の広さである。安全種付け枠場は運動場の中にあり、この枠場は種雄牛2頭の種付けに間に合うようにしてある。

種雄牛を牛房に閉じ込めず、ただ吹雪の夜だけ舎内に入れておく。その他は昼夜を問わずいつでも自由に出入りできるようにしてある。種雄牛が活気がなくなりかけたなら、外がよく見えるところ、また雌牛群の近くにおいた方がよけいに運動するからよい。運動場にドラム缶を置くのも、また牛房内に棒を下げておくのも運動させるためによい。

私のところでは電話線の柱に16フィート（約488cm）位の長さの棒を下げてあるが、下げた棒より柱を角でついて5年間に2つ折った。引き運動させるより運動設備をした方が危険がない。老齢種雄牛には蹄が悪く、また腐っているものもある。蹄の長くなっているものもある。石炭殻を運動場に入れておくとよい。

運動場は排水をよくして乾かしておく。ときどき蹄を切ってやる。石炭殻を入れると足を傷めるということをよく聞くが、早く固めて殻がおちつけば、その心配はない。

14　老齢種雄牛の飼料と避けるべき飼料

問　老齢種雄牛にはどんな飼料をやっているか。特にやっていけない飼料は何か。

答

1.　ローモント・ファームのG・A・バーディク氏　　老齢種雄牛を種付けがよくできるようにしておくには、飼料をよく選ばなければならない。私のところではつぶしたエン麦100ポンド（45kg）、小麦麬100ポンド（45kg）、アマニ油粕50ポンド（22.5kg）、コーンミール50ポンド（22.5kg）、食塩1パーセントを混ぜてやっている。

種雄牛の体重は2,000ポンド（900kg）から2,500ポンド（1,125kg）であるから、この配合飼料を1回に2〜4クォート（約2.2〜4.5kg見当）を1日2回やる。水は良質の新しいものを飲ませる。このほか水に漬けて湿したビートパルプを、小さいスコップ1杯ずつやっている。これは食欲を増す効能がある。

よいクローバとチモシーの混合乾草12〜20ポンド（5.4〜9kg）を食わせ、また早く刈ったチモシー乾草12〜20ポンド（5.4〜9kg）をやる。アルファルファ乾草はやらない方がいい。乾草の量は種雄牛の栄養によって加減する。小麦の胚芽の油を1年に2〜3度飲ませる。また種付けの多いときにもやる。1度に4オンス（約113g）食わせると受胎がよい。ビタミンEの多いものを配合飼料に入れておくと、種付けしている種雄牛にはよい。なおコーンサイレージとビートパルプは、種付けしている種雄牛にはやらない方がいい。食わせると種付けが遅くなって困る。

2.　メリーランド・ポート・デポジットのベール・S・クルバー氏

老齢種雄牛にはどんな飼料よりもよい放牧地が一番よい。これは効果がある。サイレージ、特にコーンサイレージは種付けが遅れる。小麦と小麦の胚芽の油は受胎力を増す。また毎日運動をさせることを欠かしてはいけない。

また肢と蹄をよくしておかなければならない。北米でも有名な種雄牛がひどい跛行とリウマチスで悩んでいたが、これらには乾した糖蜜を入れたみかんの搾粕を1日8ポンド（3.6kg）ずつ食わせたら、すぐ治ったのを知っている。

3．　アイオニア州立病院のハーブ・ミラー氏　　私たちのところでは、種雄牛は蛋白質含有量16パーセントの搾乳牛にやる濃厚飼料を年中やっている。ただサイレージと上等の粗飼料だけは量を減らしている。老齢種雄牛がぐずぐずして早く種付けしないようになることがあるが、その原因は　①飼料がいけない、②新鮮な空気にふれさせない、③運動が不足していることなどである。

老齢種雄牛はしばしば脂がつきすぎ、胴が太くなって種付けしにくくなる。ある場合には寝藁の代わりにノコ屑を入れて、寝藁を食わさないようにするとよくなることがある。私たちは並の肉付きにしておき、種付けがよくできるようにしておく。12歳過ぎても能力をよくしておくために、冬中に芽を出したエン麦を濃厚飼料の中に混ぜて大変よかった。

4．　オーバーブルーク牧場のマーク・H・キーニィ氏　　まず種雄牛に食わせてはいけないものから述べよう。その中には、悪いというはっきりした理由がわからないものもあるが、私たちはただサイレージとアルファルファ乾草はやらない。粗飼料はよい混合乾草と、水に湿したビートパルプ4クォート（約4.5kg）をやる。

濃厚飼料としては蛋白質含有量17パーセントの搾乳牛にやるものをやっている。その配合は砕いたエン麦1,200ポンド（540kg）、黄色ホミニー800ポンド（360kg）、小麦麬1,000ポンド（450kg）、油粕500ポンド（225kg）、乾燥した醸造粕200ポンド（90kg）、マンアマー400ポンド（180kg）、食塩50ポンド（22.5kg）である。

老齢種雄牛には、この配合飼料を6ポンド（2.7kg）やる。しかし牛によってその栄養状態を見て加減する。脂をつけず、やせもせず、元気のよいようにしておこうと思ってやっている。私のところでは前にいった濃厚飼料で結構で、特別扱いはしない。一度こういうことがあった。8歳の種雄牛を買い戻してみたが、どうも元気がなかったので、この老齢種雄牛に1日2回ずつ、マンアマーを手のひらに2杯ずつ食わせたら、間もなく、よく種付けができるようになった。

5.　パブスト牧場のホワード・クラップ氏　　大豆粕、小麦皴、砕いたエン麦、砕いた大麦、砕いたトウモロコシを配合したものをやる〈栄養率4.2である〉。このほかコーンサイレージと混合乾草をやっている。乾草は上等品で緑色をしている。そのためか受胎がよい。私のところでは品質さえよければ、この飼料はやってはいけないと区別はしない。乾草は、よく搾乳牛の食い残したものをやっている人があるが、それはもっともいけないことで、病気の点からも、また受胎の点からもよくない。

6.　ミルフォード・メドゥース・ストック・ファームのジョン・ラスト氏　　私のところでは搾乳牛と同じ濃厚飼料をやる。コーンサイレージは1日約15ポンド（約6.8kg）やる。乾草は中等量をやる。種雄牛によっては、乾草をあまり食わせると腹が大きくなり過ぎるから気をつけなければならない。

また1頭1頭違うから、分量に注意する。青刈り飼料はできるだけ食わせている。種付けをよくするには、草生のよい放牧地に放牧することほどよいものはない。電気牧柵で40アールの放牧地を囲み、そこに入れておくとよいから取扱いに困ることはない。草生がよい間は他の飼料はいらない〈水と食塩はやる〉。

7.　ウインネバゴー州立病院のトム・ウェブスター氏　　老齢種雄牛の飼料は、活気と種付けに関係があるものと思っている。太鼓腹にふくらしたり、体に脂がついたりしてはいけない。私のところではエン麦のツブ餌にアマニ粕を少々混ぜてやるとよいと思っている。その量は栄養状態と種付け回数によって加減する。粗飼料は栄養状態と腹の張り方と種付けの回数で加減する。乾草はチモシーや馬にやるよい乾草をやる。また搾乳牛の食い残したものをやっても結構よい。

歯が減っていれば、粗飼料は上等のものでなければならないが、ときには細断器にかけてやるとよい。濃厚飼料は脱脂乳で混ぜてやるとよい。私はその日の種付けがすんでから粗飼料をつけ、水を飲ませるのがよいと考えている。濃厚飼料は2度に分けて食わせるから別である。太鼓腹になりかけたら粗飼料を減らし、濃厚飼料を増やさなければならない。

老齢種雄牛にはコーンサイレージ、グラスサイレージなど、どのサイレージでも食わせない方がよい。水も制限した方がよい。ごく暑い時分には1日1度水を飲ませる。老齢牛になるとのろのろして太鼓腹をし、種付けがなかなかできないのは、自動給水カップや給水装置があるため、水を飲み過ぎることにあるから注意すべきである。

8.　ウインターサー牧場のウイリアム・E・リード氏　老齢種雄牛の配合飼料は3分の1のエン麦、小麦麬、ホミニー、油粕少々、アルファルファの乾草粉末、糖蜜を混ぜたものである。老齢牛に脂がつかない程度に食わせる。乾草はチモシー乾草や混合乾草がアルファルファ乾草よりよいと思っている。

運動場内に牧草が生えていなければ、青刈り牧草を与えるのがよい。それにはスイートクローバがよい。サイレージは食わせない。理由はわからないがやらぬことにしている。農家はいつもサイレージを食わせているが、結構種付けしているものがある。冬季中芽を出した穀物を食わせるとよいこともあり、またそうでないこともある。小麦の胚芽の油を飲ませること、また注射することもその効果ははっきりしない。

9.　ホーソン・ファームのケン・モンソン氏　よいアルファルファ乾草と混合乾草をたくさん食わせる。濃厚飼料としては砕いたエン麦、砕いたトウモロコシ少々、小麦麬、アマニ粕を混ぜたものをやる。私はコーンサイレージを種付け中の種雄牛にはやらない。私の経験では、サイレージをやると種付けが遅れ、受胎が悪い。ビートパルプは濃厚飼料に混ぜてやる。

15　種雄牛の育成費と育成方法

問　雄牛を種付けに用いるまで育成する経費はいくらかかるか。またどういうふうに飼い、どういうふうに成長させるか。

答

1.　パブスト牧場のホワード・クラップ氏　　私たちの雄子牛は生後6週間乳母牛につけておく。濃厚飼料は正午にやるが、乳母牛のスタンチョンは閉じておくから乳母牛は食えない。乾草は乳母牛とともにつまんで食う。

乳母牛から離すと2～3週間コイナー乳首付バケツで脱脂乳を飲ませる。それが終われば生後10ヵ月齢まで脱脂乳を哺乳バケツで飲ませる。この期間は食うだけ濃厚飼料を食わせる。コーンサイレージも少しやる。また混合乾草を食うだけやる。育成費は飼料の値段で違ってくるが、私たちの育成費では安く上がらない。しかし乳母牛式であるから、うまくいき死ぬものも少ない。生後12ヵ月で生体重1,000ポンド（450kg）というところである。

生後12ヵ月齢までの飼料は全乳約840ポンド（約336kg）、脱脂乳5,698ポンド（2,564kg）、濃厚飼料1,848ポンド（832kg）、乾牧草1,294ポンド（582kg）で、1939年の計算では46ドル〈16,510円〉に種付け料と労賃その他を加えなければならない。

2.　ローモント・ファームのG・A・バーディク氏　　条件によって違ってくるが、私は1頭当たりの諸経費は100ドルから150ドル〈36,000～54,000円〉とみている。私のところでは雌牛とも乳母牛につけるもの、全乳を哺乳するもの、どちらもできるだけ早く混合乾草と濃厚飼料をやる。生後6～8週間で脱脂乳をやめて、濃厚飼料と乾草を増やしておく〈生後4ヵ月でまったく乳から離す〉。食わせ過ぎないようにし、消化をよくしておくことがこの場合もっとも大切である。

3. ウインターサー牧場のウイリアム・E・リード氏　ホルスタイン種雄牛でも、若雌牛でも、育成費は生後12ヵ月まで90ドル〈約32,000円〉に大体抑えている。生後8～10週間は全乳を飲ませ、それからは次第に、分離器から出た温い脱脂乳に替えていく。生後7日経てば、小さい穀粒を子牛の前の飼料箱に入れておき、乾草の小束を哺育房の一方に置く。全乳から離れるまでに〈8～10週〉穀粒、乾草も自由に食うようになる。

脱脂乳はできるだけ長く続ける。大概生後6ヵ月かそれ以上脱脂乳を飲ませる。濃厚飼料は食うにつれて増していく。生後4ヵ月すると濃厚飼料1日3ポンド（約1.4kg）食わせる。生後6ヵ月のものは濃厚飼料6ポンド（約2.4kg）食う。雄牛は生後4ヵ月もすれば、体が大きいから雌牛より多く食わせる。元気のよい雄牛は、濃厚飼料1日8ポンド（約3.6kg）食う。生後5ヵ月すればサイレージを少しやる〈雌雄ともに〉。

乾草は大切で、私のところでは上等の混合牧草を十分に食わせている。アルファルファ乾草は食わせない。私たちはなるべく早く、たくさん乾草を食うように教えている。乾草は第一胃の容量を増やす効能がある。乳牛を飼うもっともよい基礎は、よい乾草をなるべく多く食うようにして、大きな第一胃をつくることである。

16　グラスサイレージ

問　グラスサイレージについての経験およびグラスサイレージの

飼料としての価値、それを取扱う方法と用法を教えてほしい。

答

1.　ローモントファームのG・A・バーディク氏　　天気が悪くて牧草が十分に乾かず、また牛舎の2階に上げることもできず、梱包することもできない場合に、グラスサイレージをつくってみたが、うまくなく、乳の出も思わしくなかった。

私たちの搾乳牛は、糖蜜を使ったアルファルファのサイレージをよろこんで食わないし、また食う牛も乳がよく出ない。その上牛舎内はいやな臭いがただよって、牛乳を扱う牛乳室では大不満であった。

そこでコーンサイレージの代わりにグラスサイレージを使ってみたが、いつも乳量がどんどん減って大失敗だった。しかしアルファルファのサイレージは腐らず、持ちもよかった。権威者の指導によって、花が咲き始めたころ刈り始め、少ししなびさせてから、カッターで切り、1トンに60～80ポンド（27～36kg）の割で糖蜜を入れ、よく混ぜてサイロに詰めた。

またアルファルファ4分の1、トウモロコシ4分の3の割合で混ぜ、糖蜜は混ぜずに詰めたが、大変できはよさそうであった。しかし食わせても乳量は特別に増えなかった。しかしアルファルファは腐らず、また特別に悪い結果もなかった。私のところはトウモロコシが割合つくりやすいうえに、アルファルファのサイレージの成績がよくなかったから、やはりコーンサイレージをつくっている。

2.　ウインターサー牧場のウイリアム・E・リード氏　　私のところはグラスサイレージのよいのにすっかりほれ込んでいる。糖蜜を混ぜたものの方が、リン酸を混ぜたものよりうまい味がする。またアルファルファばかりのものより、イネ科牧草を混ぜた方がうまい。

昨年、一昨年と2ヵ年は青刈牧草1トンに糖蜜80ポンド（36kg）

混ぜた。完全によいサイレージができ、よく保存もできた。糖蜜が高くてその上なかなか手に入らないから、そのときは代用剤でもがまんして使った方がよい。糖蜜1トン42ドルであった。しかし手に入るとは保証がつかない。

グラスサイレージはコーンサイレージの代用にならない。成分が違うからである。それで私のところでは、搾乳牛には朝グラスサイレージを食わせ、夕方コーンサイレージを食わせている。私の気のついたことは、グラスサイレージを食わせると糞が青味がかってくることと、冬季中、乳の色が黄色味を帯び濃く見え、風味が大変よいことであった。

若雌牛にはグラスサイレージだけを食わせ、濃厚飼料をごくわずかにした。若牛にはグラスサイレージを食うだけやり、冬中でも放牧時分と同じ成長をした。若牛は白樺のように、冬季中もっともよく成長することはよくわかっていることであるが、グラスサイレージを食わせると、夏と同じ成長をする。

若雌牛で体重が600～1,000ポンド（270～450kg）の牛には、1日グラスサイレージ20～30ポンド（9～13.5kg）食わせ、濃厚飼料1ポンド（450g）、粗末な乾草を1日食うだけ食わせた。そうしたらよく成長して脂はつかなかった。また受胎にも悪いことはなかった。

3.　パブスト牧場のホワード・クラップ氏　グラスサイレージの経験から、コーンサイレージはよいものだという感じをますます深くした。グラスをサイロに詰めるとよいように思われるが、実際はそうでない。私のところの搾乳牛は、グラスサイレージよりもコーンサイレージを好む。

うちでは、1.エン麦のサイレージ、2.スイートクローバのサイレージ、3.大豆のサイレージ、4.大豆とスーダングラスの混合サイレージ、5.アルファルファサイレージの5種のサイレージをコーンサイレージのほかにつくって、搾乳牛にやってみた。

スイートクローバのサイレージが一番うまくない。アルファルファのサイレージはもっともうまかった。エン麦サイレージもまたよく食った。大豆のサイレージを食わせたときには、コーンサイレージを食うときと食いぶりが違った。

午後に濃厚飼料を食わせコーンサイレージをやって、後にアルファルファ乾草をやったところ、搾乳牛は乾草の先にコーンサイレージを食い、終わって乾草を食った。コーンサイレージの代わりに大豆のサイレージをやってみたら、乾草を先に食って、後で大豆のサイレージを食った。

アルファルファサイレージをかなりよく食ったが、コーンサイレージほど食わない牛もある。アルファルファサイレージは、グラスサイレージと同じく糖蜜を混ぜたものであった。

明け2歳の若雌牛にはアルファルファサイレージを食わせ、混合乾草を食わせたほかトウモロコシか、また他の穀物を食わせなければ、コーンサイレージと混合牧草をやって、濃厚飼料をなにもやらないときのようなよい肉付きにすることができなかった。

牛によって、グラスサイレージには好き嫌いがある。特に若牛はそうである。ある牛は食ってしまうのに、ある牛はほとんど食わないものもある。私のところでは糖蜜以外の防腐剤を使ったことがない。

17　細断した乾草と細断しない乾草の特徴

問　乾草を細かに切ったものと、圃場から収納したままの長いものについての経験を聞きたい。なお乾草づくりと、取扱いのもっともよい方法、圃場で梱包する機械、圃場で細断して収納する装置、牧草の茎を砕く機械、また旧式乾草クラッシャーなどについて知りたい。

答

1.　ローモント・ファームのG・A・バーディク氏　　私の経験といっても圃場で牧草を乾燥し、それを圃場で細断して、牛舎の2階に吹き上げただけだが、便利だと思うのは乾草を置く場所がせまくても間に合うことである。

不便なのは、1.給餌のときにごみになり、2.場所をとらないから、つい細断した乾草を吹き上げ過ぎる危険があり、3.圃場の石ころを乾草とともに、そのままカッターで切ることなどである。

よく取扱えば保存は上々である。どこの農場でもみなそれぞれ乾草を取扱うのによい方法があるだろう。私のところでは、圃場で乾草を積んで圧搾機で圧搾し、それを牛舎に運び込むことが一番便利のようだ。その機械は2本撚り（より）針金で自動式に圧搾するから、必要な人数は圧搾係とトラクター運転手の2人で足り、作業は早いし、牧草の大切な葉は落ちない。

私のところはモーアの後にローラまたはウリンガー〈搾り器〉をつけると、アルファルファの茎を押しつぶすから乾きが早くなると思い考案中である。しかし旧式の方法が今なお多く行われているが、天気がよく人手が多ければよい乾草ができる。よい乾草は牛乳を多く生産するのに、もっとも大切な飼料である。

2.　ウインターサー牧場のウイリアム・E・リード氏　　細断した乾草についての経験は、数年前一度、乾草脱水業者から、細断した乾草を買ったことがある。その乾草は色も香りも立派なものであったが、私たちの搾乳牛は好まなかった。これは習慣にもよる。今年の夏からは乾草積取自動圧搾機械を使うが、これでやれば牧草の乾草、運搬、貯蔵など、他の方法より確かによいと思う。

3.　パブスト牧場のホワード・クラップ氏　　私の経験では、長いままの乾草の方がよい。乾燥するには便利かもしれないが、肝心の搾乳牛が、長い乾草のように好んで食わないから大変困る。これは口いっぱいに入れると、短く切った切り口がささるからだろう。子牛はごく少しなら食う。しかし子牛でも長いままの乾草を楽しんで食っているようだ。

短く切った乾草に慣れていた明け2歳牛は、長いままの乾草を食っていた明け2歳牛よりはいやがらなかった。そんなことよりもいやなことは、牛舎の2階の乾草置場と、舎内の飼槽のゴミは大変なものであった。このゴミが搾乳牛にくっついて、それをブラシ掛けをする人々をいやがらせた。

細断した乾草がある牛舎でなくなって、他の余っている牛舎から運ぶとき、その手間のかかることは長いままの乾草を運ぶのと大した違いである。一昨年からビックアップベーラー、圃場積取自動圧搾機を使っているが、今までよりよい乾草をとった。取扱いが便利で1ヵ所から他の所へ運搬でき、長いままの乾草を取扱うより便利である。食わすとき葉が茎についており、2階から牛舎の飼槽に落とすとき、これまでのように葉が落ちずついているから大変よい。

また、牧草の茎を砕くクラッシャーを使ってみたが、牧草の乾燥することが早かった。ここにつけ加えておきたいのは、ミルウォーキー州・ホルスタイン・ブリーダー協議会のとき2～3人から質問があった。その人たちのいうことには、乾草を細断して牛に食わせた。その中に針金の切れ端が入っていて、心嚢炎（しんのうえん）を起こして数頭死んだ。そのため乾草を細断するのをやめた、という。

その人たちは圧搾した針金が廐肥に混じって牧草畑にまかれ、それが牧草とともに拾い上げられ、乾草とともに細断されたと思っているらしい。しかし私にはその経験はない。これは正しいものの見方でない。この問題については賛成する人もあれば反対する人もある。

18　虱、疥癬、たむしについて

問　虱（しらみ）、疥癬（かいせん）、たむしの退治はどうするのか。

答

1.　ローモント・ファームのG・A・バーディク氏　　サバディラの種子を粉にして1ヵ月に1回、肩の上から胸垂、咽喉の下にかけ、ブラシでよくすり込む。疥癬は私のところではごくまれだが、硫黄華（昇華硫黄）とラードを混ぜたもの、また羊毛脂をとかしてつけてもよく、またワセリンをつけておくと毛が生えるようになる。たむしにはよく効くのものがいろいろあるが、オリーブをつけてヨードを塗っておくとよい。日光に当たると一番よい。

2.　ウインターサー牧場のウイリアム・E・リード氏　　この虱、疥癬、たむしはほとんど牛の皮膚につくもので、これには昔からやっているように、ラードに硫黄華をつけておくのが一番よいと思う。ラードをとかして油にし、それに硫黄を混ぜてどろどろにしたものよりよいものを知らない。これをブラシで塗りつける。1度で虱は死ぬから2度つけることはない。

たむしと疥癬は治るまで毎日つけなければならない。これはなかなか治りにくいから長くかかる。ラードをつけると汚なくなるというなら、特に製剤した薬を使えばよい。またコールタール浸洗液があるから使用法に従って使えばよい。たむしにはヨードでつくったヨーデクスがよく効く。

3.　メイタグ牧場のM・M・キャンベル氏　　牛の虱にはシカゴ市のバーチス・ドライ・キル・ライスパウダーがよく効く。虱のついているところにすり込む。普通は頸から背、尾についているから。10日おいてまたつけるといなくなる。

疥癬とたむしには、私は鉄とヨードを等分に混ぜた薬を、綿で4日位1日3回ずつすり込む。そうすると乾いてきて、広がらないようになる。その後、侵されているところにヒマシ油を2〜3回つけておくと治る。

4. パブスト牧場のホワード・クラップ氏　虱には夏ならばクレオリン液をつけ、2週間後にまたつける。そうすると初めのとき卵であったものが生まれているがそれで死ぬ。寒い頃には、硫黄とサバディラの実を粉にしたものとを等分に混ぜてすり込む。虱は背筋につくから、頭の頂きから尾のつけ根までその両側2〜3インチ（約50〜75mm）の広さにつける。そのほか虱のついているところは全部つける。ブラシを掛けた後つけた方がよい。薬がだんだん下の方へすり込まれるから、下の方にいる虱も死ぬ。虱のために毛がぬけるまで放っておいてはいけない。

疥癬についてはよくわからない。私の経験では虱もたむしも実は疥癬のもとであって、虱とたむしをなくすれば疥癬は起こらないと思っている。たむしはかさぶたをナイフの刃でとりのけ、ヨードをつけるか、ヨードとグリセリンを等分に混ぜてつけるとよい。侵されている周囲にもつける。

たむしは見つけたら早く手当てをしないと広がり、伝染する。ブラシ、金櫛、スタンチョン、その他に牛がさわってうつるから早く手当てしなければならない。これはなかなか治らない。侵されている牛は最後に手入れをして、手入れ道具はそのときどき消毒しなければならない。

5. クオンクオント・ファームのヒュウ・モリル氏　牛の虱はごく普通で、ほとんどどこの乳牛群にもいるものである。私のところでは、10日に1回位薬をつける。いろいろ売薬はあるが、グレイローンの虱とり粉はなかなかよく効く。この缶を右手に持ち静かにふりかけ、左手で毛並にさからってよくすり込む。その後缶を左に持ち替え、静かに後肢の間、胸、顎の側にすり込む。

こうすればごくわずかの時間で、たくさんの牛にふりかけることができる。また安上がりである。蠅除けの薬でも虱は取れるが、たくさん薬をつけると発泡することがある。

疥癬を治すにはごく簡単で金はかからない。硫黄1ポンド（450g）にマシン油を540mℓ混ぜて、雑巾で侵されているところにすり込む。ケロセーンも確かに効くし安上がりである。たむしはちょっと見たところ疥癬と区別がつかないから、よく両方を混合する。たむしの手当てにはリゾール、またソビナールのような強い消毒剤で洗い、かさぶたをのけ、膿を取り、そこにヨードをつける。また5パーセントの硝酸銀をつける。

たむしと疥癬は人にもうつるから、注意して手当てをしなければならない。侵されている牛は隔離する。手入れ道具は強い消毒液で消毒して使う。

6.　メリーランド・ポート・デポジットのベール・S・クルバー氏　　健康な牛であり、よい飼料を食って栄養がよく、毛艶のよい牛は虱がつきにくいものである。栄養が悪くてやせ衰えた牛は虱の定宿である。牛房をきれいにし、寝藁をたくさん入れておくと虱はつきにくい。率直にいうなら、ふだんから注意している、本当に立派な畜産家の牛には、虱なんかつくものではない。

しかし虱がついた場合は、夏なら湯をつけてきれいに洗い、乾かして、アマニの油をつけてやる。10～12日の間に2度洗ってアマニ油をつける。そうすると死ぬ。涼しくなったら安上がりである。サバディラの実を粉にしたものと殺虫剤〈粉〉、硫黄を等分に混ぜて、背筋から耳の後ろ、尾のつけ根やしわの個所、胸垂にかけて、10～12日に2回すり込めば、虱は死んでしまう。

ラードに硫黄を混ぜたものは疥癬によい。たむしにはヨードをつけ、しばらくして軟膏、またはグリセリンをつけるとよい。

7.　ホーソン・ファームのケン・モンソン氏　　虱にはスタンダードオイルコンパニーのフィノールがよく効く。これはきれいな油である。これを毛にすり込むと虱もその卵も死ぬ。虱につかれたところにつけてやると、大変気持よがるものである。疥癬にもたむしにもよく効く。

私はたむしにはヒマシ油がよいと思う。たむしは眼のふちにつくことが多いから、ヒマシ油なら視力をそこなう心配がない。皮膚病はすべて多少とも菌のものであるから、油の中では生きていないし、もちろん成長もしないから、油をつければ間もなく死に絶える。

8.　W・L・ヒズル父子牧場のクラーク・ヒズル氏　　虱が犢や成牛についたら、ドクトル・ヘエスとクラーク合作の粉剤を体中ふりかける。10日おきにふりかけると死んでしまう。たむしにはヨードチンキをつけて、ワセリンかグリースをつける。これは眼のふちにできるから、眼の中にヨードが入らないように注意が必要である。

9.　オーバーブルーク牧場のマーク・H・キーニィ氏　　私のところでは虱はほんのたまにしか出ない。ついたときには当牧場の獣医師の調剤した粉薬を使う。疥癬も同様自家製のもので治している。たむしは私のところでは全然ない。

19　新しい思いつき

問　乳牛群管理について、考えた新工夫があったら知りたい。

答

1.　アイオニア州立病院のハーブ・A・ミラー氏　　この問いにあてはまるかどうかわからないが、私はここ5〜6年間、乾乳中の牛の手当てと分娩前後の取扱いについて学ぶところが多かった。旅行中視察した酪農家の乳牛群の管理を見ると、この2つのことがらについて改良しなければならないと思った。

よく聞くことだが、『悪い乳牛はそれより悪くなりようはない。悪くなるというのはよい能力の牛のことだ』ということである。これは本当だ。能力のよい牛が悪くなる原因の7割5分までは、乾乳中と分娩するとき、およびその直後の飼い方と取扱い方に関係があると思う。

能力のとてもよい牛が、乳期の終わりに肉付きが悪くなると、持ち主は次の乳期までには栄養を回復させて、能力もよくしようと、脂のつくような飼料をやる。そのときは栄養を回復させようとばかり考えるので、乳房が熱を持ち、ふくれてきたり、また張りきってくることさえある。

冬季中は、乾乳中の牛に十分に運動させるのは不便だろうが、やはり努めて運動ができるようにしておかなければならない。また独房に入れず、分娩までスタンチョンにつないでおくが、それはよくないことだ。乳房がふくれてくるとそれを防ぐために、熱い湯で蒸したり、マッサージしたりすることを、めんどうくさがってやらないでおくと、分娩が近くなるにつれて、乳房の4分房が不均等になり、あるところは悪くふくれ、また赤く、熱を持ったところと冷たいところができる。

冷たいところは血の循環がときどき止まる。こんな乳房になると、たいてい1つまたは2つの部分が不均等になり、乳房組織内の血管が破裂して血乳が出るようになる。その上後産がとまりがちで、その腐ったものが吸収され、また生殖器に毒が回って繁殖障害を起こし、食欲が減り、病気になることが多い。

その牛はだんだん痩せて、乳房は悪くなり、この母牛は駄目だから、他のよい牛と取り替えなければならないということになる。私の経験では、よい牛はそれ相当に取扱っていれば、能力の悪い牛よりも飼養と管理に危険が少ない。

乳期が終わって次の乳期の始まる前2〜3週間がもっとも大切で

ある。乳房がふくれてくる前に乳をあげることができなければ、無理に乳をあげようとするよりも、そのまま搾りおとす方がよい。乳があがったならば、乳房がふくれるころまで脂のつくような飼料〈アマニ粕、コーンサイレージなど〉を十分にやる。

乳房がふくれだせばその飼料をだんだんやめて、エン麦と小麦麬の粥とビートパルプ〈普通糖蜜と水を混ぜる〉、また糞をやわらかにし冷やす性質の飼料を加えてやる。また上等の粗飼料を食うだけやる。私のところでは、乾乳中の牛にはできるだけ牛舎付属の運動場で運動をさせる。また分娩舎に入れてよく慣らし、神経質にならないようにして分娩させる。こういうようにして分娩させると、十中八九は乳房はほとんどふくれず、ゆらゆらしてしわのよった乳房で分娩する。分娩後2～3時間で後産がおり、食欲が強く乳房も丈夫だから、分娩後2～3日すると、乳をたくさん出す用意が整う。乾乳中と分娩時とその直後に注意して取扱えば、酪農のいやなことがらもだいぶ防げると私は思っている。

2.　クオンクオント・ファームのヒュー・モリル氏　　乳牛群の管理中、新しい重大な思いつきは、子牛にワクチンを注射することと思う。畜産局長J・R・モーラー博士も、公式にこれはよいといっている。この注射によって流産のおそれのない、有名なよい血統の乳牛群をつくり上げることができるようになる。これはブリーダーに大きな保証をしてくれるものであって、乳牛繁殖の発達に偉大な功績がある。

3.　ミルフォード・メドウス・ストック・ファームのジョン・ラスト氏　　最近、よい新しい思いつきはないが、しかし酪農家の収入を大増収させてくれたのは、よい放牧地をつくるために、これまでよりも多く土地を使うようになったことであろう。これを新しい思いつきのなかに入れてくれるなら、よい例を述べよう。

私のところでは、この春には早くから、昨年秋播いたライ麦畑に搾乳牛を放牧し、次いでリードカナリーグラスの畑に移し、2週間後には再びライ麦畑に放牧し、ライを食ってしまえばプラウで起し、スーダングラスを播いた〈だいたい7月初め〉。

スーダングラスが成長している間は、リードカナリーグラスの畑とクローバとアルファルファ混播の畑に放牧する。そしてカナリーグラスの畑には夜間放牧した。クローバとアルファルファの混播畑には日中放牧した。8月初めにはスーダングラス畑に放牧ができる。

スーダングラスの畑とクローバとアルファルファの混播の畑、リードカナリーグラス畑の3つの畑に、生長の具合を見て交互に放牧した。永久放牧地としてはリードカナリーグラスだけである。搾乳牛を放牧中、注意したいことは次の2点である。

① 放牧地はなるべく搾乳牛舎の近いところに設けたい。そうすると牛の往来に時間がかからない。

② 放牧地の広さが搾乳牛群の頭数に十分であり、短時間で腹いっぱい食って、大部分の牛は1日中涼しい木陰に横になっては身返しをして休んでおり、蠅もいない。こうしておけば、乳をたくさん出し、もっとも儲かり、また牛の健康のためにもよい。

3. バブスト牧場のホワード・クラップ氏　新しい思いつきではないが1つある。やってみて大変よかった。それは子牛の出血性敗血症の生菌を注射することである。

生まれるとすぐ出血性の血清10ccと出血性の生菌を5cc注射し、3日経って後また出血性の生菌を10cc注射する。こういうようにし始めて83頭の子牛は今、生後6ヵ月経っているが、わずかに4頭死んだだけだ〈4.8パーセント〉。この注射を始める前には83頭の子牛のうち13頭〈15.6パーセント〉死んだ。

その多くのものは鼓脹症で死んだ。鼓脹の手当てをしたが効き目がなかった。解剖したら敗血症であった。これら83頭は生まれたときに出血性の血清を10cc注射したが、生菌は注射しなかった。

死にかけている4頭の子牛には生菌を注射してあったが、〈うち1頭は生後4日目に生菌を注射したが13日目に死んだ〉他の3頭は鼓脹症にはならなかったが肺炎で死んだ。

乳牛群はそれぞれ事情が違うから、出血性血清10ccと出血性生菌5ccを生後直ちに注射し、また3日目に生菌を10cc注射しても、必ず効き目があるとは思わない。私の方では乳母牛を使っているから子牛の故障はほとんどない。多いときでも15パーセント死んでいる位である。これはこの注射のおかげと思っている。

次の思いつきは人工授精に使う精液を貯蔵することである。薄めない精液を何も加えず摂氏9度〈これより低温ならなおさらよい〉で蓄えて、48時間後に使って大成功した話である。精液は人工膣で採集する。また14～24時間経っている精液を22頭に授精して12頭受胎した。24～48時間経っている精液を10頭に授精して7頭受胎した。48時間経っているものは種付け回数1.8回で受胎したから、本交にくらべて上成績である。忙しいときに、冷蔵庫からすぐに種付けできるとは便利なことである。

4．ローモント・ファームのG・A・バーディク氏　　私たちの農場には搾乳牛が約400頭いて、この廐肥を出すのに頭を悩ましている。特別に廐肥運搬トラクタを考案して毎日やっている。1トン半の古いトラクタを改造して、低い台の車としてハンドルを上げて台を上げ、廐肥を投げるようにつくり、その車を舎内に乗り入れて、1日3回廐肥を畑に直接運び出している。このトラクタを、廐肥を積んだ2台の馬車に連絡して畑に運ぶので、全搾乳牛を舎飼いしても6～7の牛舎の廐肥を1人で畑に運搬することができる。

もちろん夏は手間がかからず、他の仕事ができる。これは新しいことではないが、馬を使って長くかかるよりよく、また悪い道路で苦労するより気楽に仕事ができる。隣家でも廐肥散布機をトラクタで引っぱっているが、うまくいっているようである。

再版にあたって、表記等が（前版発行当時から現在までの間に）変更となっているものについては、現行の表記に差し替えています。尚、確認することができなかった人名・地名・団体名・役職・商品名等については、前版を踏襲しています。

本書は著者の多くの知識・経験を元に執筆されており、翻訳者・出版者は細心の注意を払い日本語版を作成しておりますが、元版が1948年の発行であり、掲載されている知見は最新情報ではありません。本書の記述をもとに実践・応用することによって生じるいかなる損害に対しても、著者・翻訳者・出版者は責任を負いません。特に疾病治療・予防についての実践は、獣医師の指導・助言を受けることをお勧めします。

酪農家キーニィの牛飼い哲学　　著者　マーク・H・キーニィ　　翻訳者　市川清水
昭和29年２月１日初刷　　昭和41年３月10日第５刷　　昭和58年７月15日第６刷
平成27年８月20日第７刷
発行人　安田正之　　発行　デーリィマン社　札幌市中央区北４条西13丁目
印刷人　矢島秀也　　印刷　岩橋印刷株式会社
定価　本体価格3,500円＋税

Printed in Japan　　ISBN 978-4-86453-034-7